Sammlung Göschen.

Geschichte der Physik

I

Die Physik bis Newton

Von

A. Kistner
Professor am Gymnasium zu Karlsruhe i. B.

Mit 13 Figuren

Zweite, verbesserte Auflage

Berlin und Leipzig
Vereinigung wissenschaftlicher Verleger
Walter de Gruyter & Co.
vormals G. J. Göschen'sche Verlagshandlung - J. Guttentag, Verlagsbuchhandlung - Georg Reimer - Karl J. Trubner - Veit & Comp.
1919

Druck der Vereinigung wissenschaftlicher Verleger
Walter de Gruyter & Co. Berlin W. 10

Inhalt.

Einleitung.

Die aus dem Kampfe ums Dasein entstandene urzeitliche Technik führte den Menschen zum Nachdenken über die zweckmäßige Ausnutzung der Naturkräfte, zu den Anfängen physikalischen Könnens und Wissens. Nur von Mund zu Mund vollzog sich die Weitergabe des Erworbenen, das sich beim Auftreten schriftlicher Überlieferung schon auf einer Entwicklungsstufe zeigt. die den allmählichen Aufstieg nicht mehr erkennen läßt. Aus den Quellen für die geschichtlichen Ereignisse der frühesten Zeiten und des klassischen Altertums können wir nur mühsam das herausschöpfen, was den Entwicklungsgang der Physik verrät; und was wir finden, kann naturgemäß nicht unumstößliche Wahrheit sein. darf daher auch nur einen nach dem neuesten Stand der historischen Forschung zu bewertenden Grad von Wahrscheinlichkeit beanspruchen.

Philosophische Gedankengänge und physikalische Untersuchungen greifen von den ältesten Zeiten bis zu unseren Tagen ineinander ein, namentlich da. wo Fragen über Raum. Zeit, Materie. Kräfte usw. eine Beantwortung heischen. Bei der Fülle des physikalischen Stoffes, der in den engen Rahmen dieser „Geschichte der Physik" einzufügen war. mußte das Verweilen in den philosophischen Grenzgebieten unterbleiben.

Geschichte der Physik im Altertum.

Die Babylonier und Ägypter.

Das Volk der Babylonier mit seiner in geheimnisvolles Dunkel gehüllten Kultur ist in den letzten Jahren mehr als je in den Vordergrund des Interesses der Laien- und Gelehrtenwelt getreten, man erinnere sich nur des heftig entbrannten Babel-Bibel-Streites. Eine reiche Fundgrube von Dokumenten herrlicher Kulturarbeit ist uns besonders durch die umfassenden Ausgrabungen der deutschen Orientgesellschaft erschlossen worden. Mehrere Tausende von Tontafeln aus der Bibliothek von Asurbanipal in Ninive belehren uns heute über die Kenntnisse der Babylonier und Assyrer aus den Gebieten der Religion, Geschichte, Mathematik, Astronomie usw. Doch ist augenblicklich unser Wissen über die Geisteswelt jener Zeit noch in mehr als einer Richtung dürftig zu nennen, leider gerade auf dem Gebiete der Naturwissenschaften. Wir können nur hoffen. daß aus jenen mächtigen Schutthaufen. die in früheren Jahren meist recht unsystematisch durchsucht worden sind, noch eine Reihe von Keilschriftziegelsteinen herausgefördert werden möge, die uns über die Erforschung und Verwertung der Naturkräfte reicheren Aufschluß geben können.

Soweit wir das heutzutage zu übersehen vermögen. besaßen die Babylonier ein wohlgeordnetes Maßsystem. Die Einheiten für Längen-, Flächen-, Raum-, Gewichts- und Zeitmaß waren durch einen Würfel festgelegt, dessen Seitenkante eine babylonische Elle betrug. Nach zwei Statuen aus dem dritten Jahrtausend vor Christi Geburt hat man auf eine Größe der Doppelelle von $992^1/_3$ Millimetern geschlossen. Sie stimmte dadurch allerdings mit der Länge des Sekundenpendels für den dreißigsten Breitengrad (992,3 mm) überein, woraus man jedoch nicht, wie das geschah, die Folgerung ziehen muß, daß die Elle nach dem Sekundenpendel bestimmt worden sei und dieses gar als Zeitmesser gedient habe. Man gebrauchte vielmehr auf den Sternwarten Wasseruhren, eben jenen Würfel, aus dem sich das Regenwasser, mit dem er gefüllt war, durch eine Öffnung von bestimmter Größe in einer als Einheit angenommenen Zeit entleerte. Die Schattenangaben eines Gnomons dienten dabei zur notwendigen Regulierung.

Als ein wichtiges Ergebnis der astronomischen Studien im Zweistromland müssen wir u. a. die Einteilung des Kreises in 360 Grade betrachten. Man setzte nämlich das Jahr zu 360 Tagen an, was um so verzeihlicher ist, als sich die Bewegung der Sonne an den Solstitien schlecht beobachten läßt. Ein Grad (= Schritt) stellte somit den Weg dar, den die Sonne an einem Tage im Tierkreis zurücklegte.

In den Ruinen von Ninive wurde (1849) durch A. H. Layard eine plankonvexe Linse aus Bergkristall gefunden, die bei einem mittleren Durchmesser von 38 mm und einer Dicke von 5 mm eine Brennweite von 107 mm besitzt. Ob man es hier mit einem Brennglas oder einer Lupe oder nur mit einem Zierstück, etwa aus einem Gürtel, zu tun hat, läßt sich leider nicht entscheiden.

Ein interessanter religiöser Gebrauch, das Wahrsagen der Sonnengottpriester aus Öl, verbürgt uns die Kenntnisse der sog. Ausbreitung von Flüssigkeiten und der Interferenzfarben. Man ließ nämlich in ein Becken, das heiliges Wasser aus dem Euphrat enthielt, ein wenig Sesamöl fallen und beobachtete dessen mannigfache Bewegungen, seine Ausbreitung und die auftretenden schillernden Farben, woraus man Schlüsse für die Zukunft zog. Man ist erst neuerdings (1905) mit diesem Gebrauche der babylonischen Priester bekannt geworden und muß daher die Anschauung fallen lassen, daß die auf pompejanischen Wandbildern dargestellten Seifenblasen uns die ältesten Beweise für die Kenntnis der Farben dünner Blättchen darbieten.

Schon etwas besser als über Babylonier und Assyrer sind wir über die Ägypter unterrichtet, zumeist durch die Baudenkmäler, die drei Jahrtausende überdauernd in uns noch heute Bewunderung erwecken und durch ihren bildlichen Schmuck und die Inschriften höchst wertvolle Aufschlüsse verschiedenster Natur liefern. Erklärlicherweise ist die Ausbeute des Bildermaterials für unsere Zwecke schon deshalb nicht sehr groß, weil Darstellungen irgendeines Vorgangs meist bis auf die Inschriften in der gleichen typischen Weise angefertigt sind.

Wir finden gelegentlich Skizzen von dem üblichen Ziehbrunnen, einem zweiarmigen Hebel, der in gleicher Einrichtung unter dem Namen „Schaduf“ auch im heutigen Ägypten noch zum Bewässern gebraucht wird. Ein aus der Zeit der achtzehnten Dynastie stammendes thebanisches Gräberbild zeigt uns einen Mann, der einen Saugheber durch Anziehen mit dem Munde in Tätigkeit setzt und einige andere im Betriebe hat. Andere Bilder zeigen uns die Verwendung von gleicharmigen Wagen in der Höhe eines Mannes. Statt der fehlenden Zunge gibt ein Senklot die richtige Stellung des Wagebalkens an. Die gewölbten Schalen werden mit Gewichten belastet, die die Gestalt von Tieren usw. haben. Die Fabrikation von Glas, die Benutzung von Lederblasebälgen, die mit den Füßen getreten werden, findet man gelegentlich dargestellt. Auf Bildern, die uns in die Toilettengeheimnisse der vornehmen Damen Ägyptens einweihen, bemerkt man mehrfach Spiegel, von denen man auch kunstvoll verzierte

Exemplare aufgefunden hat. Als spiegelnde Fläche dient eine polierte Metallplatte.

Der Bau der Pyramiden mit ihren kolossalen Steinmassen erforderte bedeutende technische und praktisch mechanische Kenntnisse und gibt sogar unsern tüchtigen Ingenieuren noch manches ungelöste Rätsel auf. Die jetzt etwa 5000 Jahre alte größte der drei Pyramiden zu Gizeh, diejenige des Königs Cheops („Chufu"), besitzt z. B. eine genau nach den vier Haupthimmelsrichtungen orientierte quadratische Grundfläche von 233 m Seitenlänge und ist jetzt trotz ihrer abgebröckelten Spitze noch 146 Meter hoch. Dabei hat der zur Königskammer führende Gang die Richtung der Erd- und Himmelsachse. Herodot nimmt an, man habe die Cheopspyramide in der Art einer Stufentreppe angelegt und dann mittels Holzbalken die weiteren Steine emporgehoben. Viel wahrscheinlicher ist aber die Verwendung von Kranen oder von sanft ansteigenden Sanddämmen (schiefe Ebenen !), auf denen man das Steinmaterial herbeiwälzte. Jedenfalls waren solche Arbeiten nur durch Beschäftigung riesiger Menschenmengen möglich, wie dies auch aus zahlreichen uns erhaltenen Abbildungen ersichtlich ist. Es handelte sich bei solchen Bauten um Probleme, wie sie unsere moderne hochentwickelte Technik selbst unter Aufwand der kräftigsten Hebemaschinen nur mit großen Schwierigkeiten bewältigen könnte. Man denke z. B. nur einmal daran, daß der in einem Vorhof des Ammonstempels zu Karnak unter Thutmosis III. erstellte Obelisk ein Monolith von etwa 374000 kg Gewicht ist.

Auch in der Wasserbautechnik haben die Ägypter bedeutende Leistungen zu verzeichnen. Wir erwähnen nur die Anlage des Mörissees, der die Aufgabe hatte, in den trockenen Jahreszeiten dem lechzenden Boden das zur Vegetation erforderliche Wasser zuzuführen. Die Ansichten der Forscher gehen allerdings bei dieser großartigen Schöpfung ägyptischer Ingenieurtechnik ziemlich auseinander, sie ist aber doch ein treffliches Zeugnis für die praktische Ausnutzung der Naturkräfte bei den Ägyptern. Wir dürfen mit vollem Rechte vermuten, daß man mit den Grundlehren der Mechanik fester und flüssiger Körper genügend vertraut war, können jedoch für keine andere Disziplin der Physik etwas Ähnliches aussagen. Vor allem müssen wir dem Glauben entgegentreten, den Ägyptern sei die Elektrizität bekannt gewesen. Hat man doch manches aufgefundene feine Kupferrelief als galvanoplastisches Erzeugnis angesprochen! An den Tempelbauten zu Edfu, Dendera, Medinet-Abu usw. befanden sich kupferbeschlagene Masten, die sicherlich als Blitzableiter wirkten. Deshalb braucht man aber noch lange nicht anzunehmen, sie seien in voller Absicht zu diesem Zweck errichtet worden. Vom Wesen des Blitzes und seiner Ableitung kann bei den Ägyptern so wenig die Rede sein, wie von einer Bekanntschaft mit dem Gebiet der elektrischen Erscheinungen.

Die Griechen und Römer.

Zu einer vollständigen Darstellung der Physik der Griechen und Römer wäre es nötig, auf die Systeme der ionischen, pythagoreischen, eleatischen und platonischen Naturphilosophie näher einzugehen, was uns aber der beschränkte Umfang dieser Schrift leider verbietet. Besonders die Griechen waren es, die die letzte Ursache der Naturerscheinungen, die Schöpfung der Welt und die Beschaffenheit der Materie, zu ergründen suchten, ohne jedoch andere Tatsachen zu kennen, als sie das tägliche Leben eben darbot. Man wollte Naturgesetze *erkennen*, ohne die Erscheinungswelt überhaupt erschöpfend zu *kennen*.

Nur mit wenig Worten gedenken wir der Atomistik, die von Leukippos begründet, von Anaxagoras und Demokritos ausgebaut wurde. Wenn auch die neuzeitlichen Naturwissenschaften auf manchen Grundgedanken der Atomistiker zurückgekommen sind, darf doch keine Überschätzung der alten Lehre Platz greifen, wie dies leider sehr häufig geschieht.

Die rein spekulative Naturphilosophie gipfelte und endete mit Aristoteles (aus Stagira am Strymonischen Meerbusen), dem Lehrer Alexanders des Großen. Nach ihm wurde sie verdrängt durch die Heranziehung der mathematischen Wissenschaft zur Lösung physikalischer Fragen. Besonders eigneten sich zu einer solchen Behandlung Probleme aus der Mechanik und der geometrischen Optik. Wir finden daher gerade diese beiden Gebiete besonders bearbeitet, wenn auch nicht in der uns heute allein richtig erscheinenden Art der Forschung durch das Experiment mit daran anknüpfenden theoretischen Betrachtungen. Es wurde natürlich hie und da auch experimentiert, aber nicht systematisch; es fehlte, kurz gesagt, an einer methodisch ausgebildeten Experimentierkunst.

Die einfachsten Beobachtungen aus dem bürgerlichen Leben gehörten unstreitig in das Gebiet der Mechanik. Wegen ihrer praktischen Bedeutung regten sie zuerst das Nachdenken an. Indem wir uns zu den einzelnen Zweigen der Physik wenden, beginnen wir mit den mechanischen Kenntnissen der Griechen und Römer.

Hier steht an erster Stelle Archimedes (zu Syrakus geboren, wo er auch 212 seinen Tod durch die unter Marcellus die Stadt erobernden römischen Soldaten fand). Er war zweifellos ein theoretisch gründlich durchgebildeter Physiker, der es verstand, seine genialen Gedanken auch praktisch auszuführen. Auf ihn gehen die Grundlehren der Statik zurück, die er mit dem Hebelgesetz begründete. Aristoteles hatte zwar schon gewußt, daß man mittels eines Hebels eine Last mit geringerer Kraft heben kann, weil man einen größeren Weg dabei zurücklegen muß, und ist deshalb schon, aber mit Unrecht, als der Entdecker des Prinzips der virtuellen Geschwindigkeiten bezeichnet worden. Archimedes erkannte, daß an einem ungleicharmigen Hebel nur dann Gleichgewicht herrschen kann, wenn die Kraft ebensooft in der Last enthalten ist, als der Lastarm im Kraftarm. Er war mit dem Hebel so vertraut, daß man ihm das stolze Wort zuschrieb: „Gib mir einen Punkt, wo ich mich hinstellen kann, dann will ich dir sogar die Erde bewegen.“ An seine Studien über den Hebel schließen sich eng seine Untersuchungen über den Schwerpunkt an, den er für eine Reihe ebener Figuren, z. B. auch für parabolische Abschnitte ermittelte. Den schon von Aristoteles erwähnten Flaschenzug hat man lange zu den Erfindungen von Archimedes gerechnet, ebenso die Wasserschraube, bei der Wasser lediglich durch Drehung gehoben wird. Bei einer Reise in Ägypten scheint er sie kennengelernt zu haben. Weitaus am wichtigsten sind seine Gesetze über den Gewichtsverlust der Körper in Flüssigkeiten. Vitruv erzählt uns, daß der König Hiero von Syrakus Archimedes zu einer Untersuchung des Gehaltes eines goldenen Kranzes aufgefordert habe, weil er die Vermutung hegte, es seien Betrügereien durch die Goldschmiede vorgekommen. Während eines Bades bemerkte nun Archimedes die Verdrängung von Wasser durch den eingetauchten Körper, was ihn auf eine Untersuchungsmethode führte. Unbekleidet rannte er mit dem freudigen Ruf: εὕρηκα (ich hab's gefunden!) nach Hause, verglich dort die Mengen des verdrängten Wassers, wenn er den Kranz, sowie einen gleichschweren Gold- und Silberklumpen eintauchte, und entdeckte dadurch eine Verfälschung des Goldkranzes durch Silber. Noch heute bildet sein Gesetz, daß der Gewichtsverlust eines eingetauchten Körpers dem Gewichte der verdrängten Flüssigkeit gleich ist, einen Fundamentalsatz der Hydrostatik.

Neben Archimedes ist der schon erwähnte Aristoteles auf dem Gebiete der Mechanik von Bedeutung. Da seine Lehren erst in späterer Zeit von Wichtigkeit wurden, wollen wir, um Wiederholungen zu vermeiden, hier nur einiges bemerken. Bei ihm findet sich ein besonderer Fall des Satzes vom Kräfteparallelogramm, nämlich für rechtwinklige Komponenten. Er fand also eigentlich nur das „Rechteck der Kräfte". Auf seine Dynamik kommen wir bei Galilei, auf seine Ansicht vom „horror vacui", dem Abscheu vor einem leeren Raum, beim Barometer zu sprechen. Auf dem Wege der Überlegung wurde er zur Annahme des Luftgewichts geführt. Ein nicht einwandfreier Versuch, bei dem ein Schlauch durch Aufblasen schwerer wurde, bestärkte zwar seine Ansicht, stellte ihn aber vor das ungelöste Rätsel, daß der aufgeblasene Schlauch auf Wasser schwamm, während er ausgedrückt und somit leichter untersank. Was Aristoteles vom Taucherhelm und der Taucherglocke sagt, entbehrt zuverlässiger Klarheit und erlaubt keine sicheren Schlüsse.

Die Druckpumpe rührt anscheinend von Ktesibios her. In ihrer zweistiefligen Form diente sie wohl als Feuerspritze. Ob man mit ihr den von Ktesibios erfundenen Windkessel verbunden hat, ist heute noch eine strittige, aber wohl zu verneinende Frage. Von Ktesibios stammt auch eine Wasserorgel, sowie eine kunstvolle Wasseruhr, bei der Wasser aus einem Gefäß durch eine feine Öffnung ausfloß, ein anderes anfüllte und damit einen Schwimmer hob, der einen Zeiger in Drehung versetzte. Daß die Menge des ausfließenden Wassers von der Größe der Öffnung und der Höhe des Wasserspiegels abhängt, fand aber erst Sextus Julius Frontinus, der unter dem Kaiser Nerva die Oberaufsicht über die Wasserleitung hatte.

Dem Schüler des Ktesibios, Heron aus Alexandria, schrieb man die unter dem Namen Heronsball und Heronsbrunnen bekannten Apparate zu, die aber möglicherweise gar nicht von ihm stammen. Kunstvolle Automaten, die er ersonnen hat, verraten sein gründliches Vertrautsein mit mechanischen und physikalischen Dingen. Der Stechheber, der sich bei ihm findet, ist ebenso wie sein Thermoskop, bei dem die erwärmte Luft Wasser in einer Röhre bewegte, schon viel früher durch Philon von Byzanz (um 250 v. Chr.) beschrieben worden. Augustus Vitruvius Pollio, Baumeister des Kaisers Augustus, entdeckte das Gesetz der kommunizierenden Gefäße, auf dem die von Heron in der heutigen Form gegebene Kanalwage beruht, ersann außerdem eine Wassermühle mit einem Zahnrädergetriebe, verschiedene Hebevorrichtungen, wie sie sein Beruf erforderte, sowie ein Instrument, um die Länge eines zurückgelegten Weges zu messen, also ein sog. Hodometer.

Im vierten Jahrhundert nach Christus unterschied erstmals Pappus die fünf einfachen Maschinen: Hebel, Rolle, Wellrad, Keil und Schraube und gab an, wie man die Oberfläche und den Inhalt von Rotationskörpern aus Länge und Inhalt der erzeugenden Kurve unter Benutzung des Schwerpunktsweges berechnen kann. Da Paul Guldin nochmals zu diesem Ergebnis gelangte (1641), bezeichnen wir es meist als „Guldinsche Regel".

Bei der frühen Kenntnis, die man vom Hebel hatte, ist es höchst unwahrscheinlich, daß die römische (Schnell-) Wage mit Laufgewicht, wie man sie z. B. in Pompeji ausgegraben hat, von den Römern erfunden worden ist. Sie wurde nur häufig von ihnen benutzt und ist wahrscheinlich ägyptischen Ursprungs.

In einem Briefe des um 410 n. Chr. verstorbenen Bischofs Synesios von Ptolemaïs an Hypatia († 415 in Alexandria), die gelehrte Tochter des Philosophen Theon, wird unter dem Namen „Hydroscopium“ das erste Volumaräometer erwähnt, das der kranke Bischof zur Untersuchung des Trinkwassers gebrauchte.

Auf dem Gebiete der Akustik verdient besonders Pythagoras aus Samos und seine Schule erwähnt zu werden. Sie fanden, offenbar mit Hilfe des Monochords, einfache Zahlenverhältnisse für die Saitenlängen bei konsonierenden Tönen. So erhielten sie z. B. die Oktave oder Quinte eines Tons, wenn sie die Saitenlänge auf die Hälfte bzw. zwei Drittel verkürzten. Dies führte sie unter anderem auf die sogenannte harmonische Proportion. $\frac{2}{3}$ ist danach das harmonische Mittel zu $\frac{1}{2}$ und 1. Leider vorloren sich ihre Untersuchungen in zahlentheoretische nutzlose Spekulationen. Auf den Werdegang der Grundlagen der Musik müssen wir natürlich hier verzichten. Bei Aristoteles finden wir die Meinung, daß hohe Töne sich rascher fortpflanzen als tiefe, sowie die Tatsache, daß man am Tage den Schall schlechter hört als während der Nacht. Die von ihm dafür angegebene Erklärung ist allerdings unrichtig.

Bei der großen Vorliebe der Römer für Theater und Zirkus ist es erklärlich, daß man sich auch der Theaterakustik zuwandte, so z. B. Vitruv, der unter anderm bereits die Verbreitung des Schalls in kugelförmigen Wellen um die Schallquelle mit genügender Deutlichkeit ausspricht und von bronzenen Schallgefäßen (Resonatoren) berichtet, die man im griechischen Theater zur Schallverstärkung unter den Sitzreihen anbrachte.

Wesentlich umfassendere Kenntnisse als in der Akustik hatte man in der Optik. Das Sehen wurde als ein Fühlvorgang erklärt, indem man Strahlen annahm, die vom

Auge ausgehend den gesehenen Körper betasten. Aristoteles verwarf diese Anschauung teilweise, indem er darauf hinwies, daß man bei solchen Augenstrahlen doch im dunkeln Raume das Auge sehen müsse. Eine bessere Erklärung konnte er aber auch nicht geben.

In einem dem Euklid in Alexandria (um 300 v. Chr.) zugeschriebenen Werke über Optik finden sich die Sätze von der geradlinigen Fortpflanzung der Lichtstrahlen, von der Gleichheit des Einfalls- und Reflexionswinkels, sowie die Erwähnung der Tatsache, daß einfallender und zurückgeworfener Strahl in einer zum Spiegel senkrecht stehenden Ebene durch den Einfallspunkt verlaufen. Heron vereinigte die beiden letzten Sätze zu dem einen, daß der Lichtstrahl bei der Reflexion den kürzesten Weg zu machen sucht. Bekanntlich ist auch der Weg des Lichtstrahls bei der Refraktion immer ein Minimum.

Ursprünglich hatte man nur Metallspiegel, zu den Zeiten Plinius' des Älteren auch schon Glasspiegel, jedoch noch ohne Belegung. An gewölbten ehernen Schüsseln hat man wohl die ersten Beobachtungen der verschiedenen Hohlspiegelwirkungen gemacht. Die häufig angeführte Erzählung, Archimedes habe bei der Belagerung von Syrakus die römischen Schiffe durch Hohlspiegel in Brand gesetzt, ist ein sinnloses Märchen. Zerrspiegel und Geistererscheinungen mittels einer gegen die Zuschauer geneigten Glasplatte finden wir bei Heron. Seneca kannte die Brennwirkung und Plinius die Bildvergrößerung einer wassergefüllten Glaskugel. Eine Stelle in den „Wolken" des Aristophanes berechtigt zu der Annahme, daß Brenngläser schon viel früher gar nicht ungewöhnlich waren.

Die Erscheinung des gebrochenen Stabes im Wasser war dem Aristoteles bereits bekannt. Von Kleomedes (um 50 n. Chr.) stammt der bekannte Versuch, einen durch den Rand eines Bechers verdeckten Ring dadurch sichtbar zu machen, daß man den Becher mit Wasser anfüllt. Dieser Versuch gab ihm auch die Erklärung für die Dämmerung und die Verlängerung des Tages durch die atmosphärische Strahlenbrechung. Genauere Untersuchungen dieser Verhältnisse gab zuerst der berühmte Astronom Claudius Ptolemäus, der um 120 n. Chr. in Alexandria tätig war. Er war der erste, der es unternahm, Einfalls- und Brechungs-

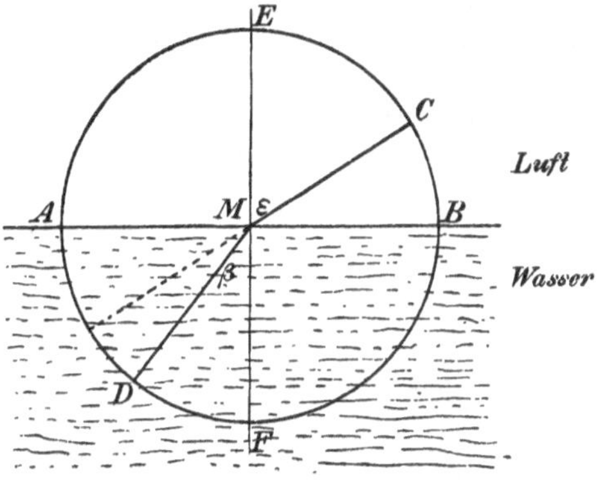

Fig. 1. Lichtbrechungsapparat nach Ptolemäus.

winkel zu messen und das Brechungsgesetz zu ermitteln. Er stellte (Figur 1) die beiden um M drehbaren Lineale CM und DM so ein, daß sie eine gerade Linie zu bilden schienen, nahm sie dann samt der Kreisteilung $AEBF$ aus dem Wasser und las den Einfallswinkel ε und den Brechungswinkel β an der Teilung ab. Auf diese Weise erhielt er folgende Werte:

$\varepsilon = 0^0$	10^0	20^0	30^0	40^0	50^0	60^0	70^0	80^0.
$\beta = 0^0$	8^0	$15^1/_2{}^0$	$22^1/_2{}^0$	28^0	35^0	$40^1/_2{}^0$	45^0	50^0

Diese Größen sind recht genau, gaben ihm aber das Brechungsgesetz nicht; wohl aber erkannte er, daß der Lichtstrahl sich dem Einfallslote nähert, wenn er in ein dichteres Mittel übergeht, daß er sich dagegen vom Lote entfernt, wenn er in ein dünneres Medium eintritt. Ptolemäus entdeckte auch, daß die Poldistanz eines Gestirns bei seiner Kulmination größer war als beim Auf- und Untergange, woraus er auf eine vom Horizont nach dem Zenit zu wachsende atmosphärische Refraktion schloß, für die er Tafeln berechnete. Sonnen- und Mondregenbogen wurden wohl häufig gesehen, doch fehlte es an einer auch nur halbwegs brauchbaren Erklärung.

Aus der Gebärdensprache entwickelte sich die optische Telegraphie. Zu den verschiedensten Zwecken gab man im Altertum Signale durch Rauch, Tücher, Balken, sowie mit dem „goldenen Schild", durch den man Sonnenlicht reflektierte, — einer Art Heliograph. Nachts benutzte man Laternen, Fackeln usw. Thukydides berichtet von ausgebildeten Fackelsignalen im Peloponnesischen Kriege. Ebenso spricht auch Polybius von einem derartigen System, durch das man jeden Buchstaben des griechischen Alphabets telegraphieren konnte.

Recht übel war es mit den übrigen Zweigen der Physik bestellt. So hatte man z. B. von der Wärmelehre höchst dürftige Kenntnisse: Ausdehnung der Körper durch die Wärme, Gefrieren, Schmelzen, Sieden usw. Besonders hinderlich zeigt sich hier die Naturphilosophie des Empedokles aus Agrigent, der vier unwandelbare Grundstoffe, die Elemente, annahm, nämlich Erde, Feuer, Wasser und Luft. Sie bilden die Wurzeln aller existierenden Dinge, die durch Mischung und Trennung aus ihnen entstehen. Ersteres wird durch die Kraft Liebe bewirkt, letzteres durch die Kraft Streit (oder Haß). Daß aus einer solchen Anschauung nur die verworrensten Ansichten in der Wärmelehre entstehen mußten, ist eigentlich selbstverständlich.

Erwähnung verdient, daß das von Geber in die Chemie eingeführte Wasserbad schon in der Schrift des M. Porcius Cato über die Landwirtschaft beschrieben wird, indem er dort von einer Speise spricht. die durch Eintauchen des Kochtopfes in siedendes Wasser hergestellt wird.

Heron kannte die Ausdehnung der Luft durch Erwärmung und ersann einen Apparat, der sowohl durch erhitzte Luft als auch durch Dampf rotieren konnte. Es war eine um *M* (Fig. 2) drehbare Kupferkugel mit Seitenrohren *A* und *B*, die im gleichen Sinne gekrümmt waren. Strömte Dampf aus den Öffnungen *C* und *D*, so drehte sich die Kugel durch den Rückstoß im Sinne des Pfeiles *P*. Wir begegnen somit hier dem Grundgedanken der Reaktionsturbine.

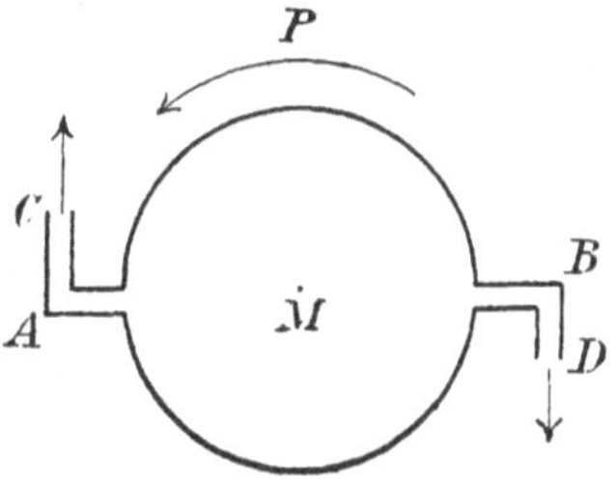

Fig. 2. Dampfkugel des Heron.

Was die Griechen und Römer von den magnetischen und elektrischen Erscheinungen gekannt haben, ist bei der geringen Klarheit der betreffenden Quellen recht schwer festzustellen, wenn man sich nicht auf willkürliche Deutungen einlassen will. Das Festhalten von Eisenstückchen an dem wohl vornehmlich bei Magnesia gefundenen Stein war früh bekannt. Plato berichtet von einer Wirkung der magnetischen Influenz, wenn er erwähnt, daß Eisenringe, die von einem Magnetstein getragen werden, selbst wieder weitere Eisenringe festhalten können. Lucretius, dem die magnetische Abstoßung bekannt ist, verzeichnet die hübsche

Beobachtung, daß Eisenfeile in einer ehernen Schale durch Unterlegen eines Magnetsteins in Bewegung kommt. Die seltsame Kraft, die dem Magnetstein innewohnt, ist sicher oft mit der elektrischen verwechselt worden, die Thales von Milet (um 600 v. Chr.) an geriebenem Elektron (Bernstein?) entdeckt haben soll. Bei Livius, Cäsar und Plinius wird auch das sog. St.-Elms-Feuer erwähnt als ein Lichtbüschel, das sich gelegentlich an den Speerspitzen der Soldaten zeigte. An einen Zusammenhang zwischen diesem Phänomen und dem Gewitter dachte kein Mensch. Ob man einen Schutz gegen die Blitzgefahr kannte, wissen wir nicht; seine mächtigen Wirkungen wurden natürlich häufig beobachtet. Auch elektrische Fische und ihre seltsamen Schläge kannte das Altertum, ohne jedoch die geringste Ahnung über deren Wesen zu haben. Bereits Plato erwähnt den Zitterrochen. Schon um 30 vor Christi Geburt soll ihn Dioskorides Phakas bei Podagra und chronischen Kopfschmerzen zu Heilzwecken gebraucht haben. Dasselbe wissen wir von Scribonius Largus und Bassus, einem Pharmakologen der früheren Kaiserzeit. Dieser hielt bei Kopfweh dem Patienten einen Zitterrochen an die Schläfe. Die elektrischen Schläge des Tieres sollten dann die Schmerzen vertreiben (!). Man besaß also schon, ohne die Elektrizität zu kennen, elektrotherapeutische Verfahren. Einer recht interessanten Beobachtung gedenkt Plinius. Nach ihm spürt man nämlich den betäubenden Schlag des Rochens auch dann, wenn man das Tier mit einer Lanze berührt. Claudius Älianus (240 n. Chr.) berichtet, daß man den lähmenden Schlag auch dann erhält, wenn man aus einem Gefäß Wasser, in dem ein Rochen lag, über die Hand oder den Fuß entleert.

Wohl der bedeutendste Hort für die Naturwissenschaften des klassischen Altertums war das sog. Alexandrinische Museum mit seiner Riesenbibliothek, das Ptolemäus Philadelphus um 250 v. Chr. in der von Alexander dem Großen angelegten Stadt Alexandria am Nildelta ins Leben gerufen hatte. Durch die bedeutenden vorhandenen Mittel konnten die berühmtesten Gelehrten herbeigezogen und unterstützt werden. Aus ihrer Zahl nennen wir Euklid, Theon nebst seiner Tochter Hypatia, Pappus, Ptolemäus, Ktesibios und Heron sowie Eratosthenes, der zuerst den Erdumfang bestimmte, und Hipparchos (im 2. Jahrh. v. Chr.), den seine Tafelwerke und sein Sternkatalog bekannt gemacht haben. Ein großer Teil der berühmten Bibliothek ging bei der Eroberung von Alexandria durch Julius Cäsar (47 v. Chr.) in Flammen auf. Und nochmals wütete eine Feuersbrunst unter dem wertvollen Handschriftenbestand (389 n. Chr.), als die Stadt der Schauplatz wilder Kämpfe im christlichen Lager und zwischen Heiden und Christen war.

Geschichte der Physik im Mittelalter.

Die Araber.

Der allmähliche Zerfall des weltbeherrschenden Römerreichs untergrub jegliche Pflege der Wissenschaften, die erst wieder zu neuem Leben erblühten, als die wilden Eroberungsstürme der für die Lehre Muhammeds streitenden Araberscharen sich ausgetobt hatten. Der aus dem Märchenkreise von Tausend und einer Nacht bekannte kluge und weitblickende Hârûn al Raschîd gründete die Hochschule zu Bagdad, einen Sammelplatz für die bedeutendsten Gelehrten aller Wissenszweige, und auch auf der Pyrenäenhalbinsel erstanden arabische Hochschulen, die der abendländischen Wissenschaft frisches Lebensblut zuführten.

Auf dem Gebiete der Naturforschung erfreute sich namentlich die Astronomie besonderer Pflege, die leider auch dem Hirngespinste der Astrologie zugute kam. Auf dem damals noch eng mit der Heilkunde zusammenhängenden Arbeitsfelde der Chemie betätigte sich vornehmlich Abû Musâ ʿGâbir ben Haijân el Umavî al Azdî el Sufî, den wir meist Geber zu nennen pflegen. Zahlreiche Bezeichnungen aus den beiden Wissenszweigen verraten noch ihre arabische Entstehung in jener Zeit, z. B. Alkali, Beteigeuze, Almukantarat, Zenit usw.

Die Physik wurde namentlich in der Optik viel bereichert. Ihr ist ein Werk von Alhazen, eigentlich Abû Alî Muhammed ben el Hasan ben el Haitam el Basri, gewidmet. Es enthält die Lehre vom Sehen, von der Reflexion und der Refraktion. Im Gegensatz zu dem Glauben der Alten hält er nicht das Auge, sondern den gesehenen Gegenstand für die Lichtquelle und greift damit einen Gedanken auf, den wir auch bei dem 932 verstorbenen Arzte Rhases, eigentlich Abû Bekr Muhammed ben Sukarjiâ el Râzî, und bei Al Fârâbi finden. Am Auge unterscheidet Alhazen drei Flüssigkeiten und vier Häute, wobei er sich im wesentlichen der noch heute üblichen Bezeichnungen bedient, und hält die Linse für den optischen Hauptteil des Auges. Das Einfachsehen trotz zweier Augen erklärt er irrigerweise durch das angebliche Zusammentreffen beider Bilder an der Kreuzungsstelle der beiden Sehnerven.

Bei seinen katoptrischen Studien beschränkt sich Alhazen nicht auf den Planspiegel, sondern wendet sich auch den konischen, sphärischen und zylindrischen Spiegeln zu, bei denen er jeweils eine konvexe und konkave Form unterscheidet und stets die im Sonderfall schon von Euklid bemerkte Tatsache bestätigt findet, daß der Strahl bei der Reflexion die durch den auftreffenden Strahl und das Einfallslot gelegte Ebene nicht verläßt. Am Kugelspiegel bemerkte er die sphärische Aberration und betonte die Vereinigung paralleler Strahlen in einem Punkte beim parabolischen Hohlspiegel. Vorwiegend mathematisches Interesse bietet die nach Alhazen benannte, von ihm aber nur teilweise gelöste Aufgabe, denjenigen Punkt einer Hohlspiegelfläche zu bestimmen, der das Licht einer Flamme nach dem Auge reflektiert. Alhazen nimmt hierbei und bei anderen optischen Betrachtungen, was Erwähnung verdient, nie einen Strahl zwischen Auge und Lichtquelle an, sondern einen Strahlenkegel aus diesem Punkte, der die Pupille des Auges zur Grundfläche hat.

Die Erscheinung des „gebrochenen Strahles" in Wasser ist Alhazen ebenso bekannt, wie die scheinbare Hebung des Bodens bei einem gefüllten Wasserbehälter.

Bei Betrachtung einiger optischer Täuschungen kommt Alhazen auch zu der bekannten Tatsache, daß Sonne und Mond am Horizont uns größer erscheinen, als wenn sie sich in einiger Höhe über ihm befinden. Alhazen glaubt, man werde durch Vergleichung der Gestirnscheiben am Horizont mit irdischen Objekten getäuscht. Alhazen gibt auch eine Erläuterung dafür, daß uns das Himmelsgewölbe nicht halbkugelig, sondern wie die Hälfte eines abgeplatteten Rotationsellipsoides erscheint.

Im Anhang seines Werkes gibt Alhazen an, daß die Sonne am Anfang und Ende der Dämmerung sich etwa 19 Grad unter dem Horizont befinde. Durch Feststellung des Augenblicks, in dem eine Wolke am westlichen Horizont gerade noch schwach von den Strahlen der bereits untergegangenen Sonne beschienen wird, bestimmte er die Höhe der Erdatmosphäre zu 52000 Schritten.

Die gewöhnlich elliptischen. bei partiellen Sonnenfinsternissen aber sichelförmigen Lichtflecke unter Bäumen waren schon von Aristoteles als Sonnenbildchen angesehen, aber nicht erklärt worden. Alhazen war darin zwar glücklicher, aber erst sein Kommentator Kamâl al Dîn al Fârisî behandelte die Bilderzeugung in der Camera obscura ausführlich, bemerkte auch die größere Bildschärfe bei kleinerer Öffnung. Die hierher gehörenden Fragen beschäftigten viele Gelehrte, von denen wir nur Levi ben Gerson, Maurolycus, Porta, Leonardo da Vinci und vor allem Kepler nennen wollen.

Außer Alhazen ist nur noch der etwa 100 Jahre später lebende Al Châzinî zu erwähnen, der das „Buch von der Wage der Weisheit" geschrieben hat. Dieser merkwürdige Titel bezieht sich auf eine der drei von ihm angegebenen Wagen. Sie hatte fünf Wagschalen und einen Wagbalken von zwei Meter Länge. Sie diente ihm zur Bestimmung des spezifischen Gewichts, das er als das Verhältnis des absoluten Gewichts zum Gewicht des verdrängten Wassers definiert. Die von ihm für eine Reihe von Körpern angegebenen Werte sind recht befriedigend. Zur Bestimmung der gleichen Größen benutzte Al Châzinî, wie es Abû al Raihân al Bêrûnî schon hundert Jahre vorher getan hatte, ein Ausflußpyknometer sowie ein mit Teilung versehenes Volumaräometer, das aus einem mit Zinn beschwerten Messingrohr von etwa 25 cm Länge bestand.

Merkwürdig ist die von Al Châzinî vorgeschlagene Wasseruhr. An dem einen Arme eines Hebels befindet sich ein Wassergefäß, an dem andern ein Zeiger vor einer Skala. Fließt Wasser aus dem Gefäße aus, so geht der Zeiger abwärts und gibt an der empirisch graduierten Teilung die Zeit an.

Rascher, als sie sich entwickelt hatte, sollte die arabische Kultur wieder verfallen. Als sich die drei christlichen Reiche Aragonien, Kastilien und Leon unter Ferdinand III. vereinigten, war das Schicksal der arabischen Wissenschaft im Abendlande endgültig besiegelt.

Das Zeitalter der Scholastik.

Für die Errungenschaften der römischen Kulturwelt waren die Klöster mit ihren Schulen die Heimstätte geworden. Die Schätze griechischer Kunst und Wissenschaft mußten erst durch die Vermittlung arabischer Gelehrter hier ihren Einzug halten. Gerbert, der nachmalige Papst Silvester II., soll es in erster Linie gewesen sein, der die Aufmerksamkeit der stillen Denker hinter den Klostermauern auf die griechischen Meister, besonders auf Aristoteles lenkte. Die Bekanntschaft mit der griechischen Literatur, Philosophie usw. wurde dadurch zwar wesentlich gefördert, leider jedoch in einem der freien Forschung entschieden feindlichen Sinne.

Die vollkommene Unantastbarkeit der religiösen Anschauungen und Dogmen gibt jener Zeit das Hauptgepräge. Schien die tägliche Erfahrung jenen als unwandelbar geltenden Glaubenswahrheiten zu widersprechen, so mußte sie sich eben unterordnen. Wozu auch die tägliche Erfahrung, man hatte ja den trefflichen Aristoteles! Was aus seinen Schriften herausgezogen wurde, mußte zur Stütze der kirchlichen Lehre dienen, wozu natürlich die sophistischsten und kniffflichsten Deduktionen erforderlich wurden. Da man die Werke des Stagiriten zunächst gar nicht im griechischen Urtexte besaß, sondern in recht entstellten arabischen und lateinischen Übersetzungen, traten äußerst grobe und zum Teil direkt komische Irrtümer auf. Man kommentierte den Aristoteles und kommentierte wieder diese Kommentare, alles vom scholastischen Standpunkte aus. Da man den herrlichen Grundsatz aufstellte, es könne etwas philosophisch falsch und doch zugleich theologisch wahr sein, wurde der gesunde Menschenverstand direkt totgeschlagen. Je armseliger eine Spitzfindigkeit tatsächlich war, für um so geistvoller hielt man sie. So disputierte man z. B. darüber, ob Luzifer den ersten Purzelbaum ge chlagen habe, wie die Engel leben, sich kleiden, musizieren, sich ernähren und wie sie verdauen usw. Zwar entstanden zu jener trostlosen Zeit mehrere bedeutende Universitäten: 1158 die Rechtsschule zu Bologna und die medizinische Schule zu Salerno, die Universitäten Paris 1206, Padua 1221, Oxford 1249, Prag 1348, Wien 1365, Heidelberg 1386 u. a. m. Die Lehrstühle waren jedoch meist in den Händen der Geistlichkeit.

Als Vertreter der Naturwissenschaft jener Tage nennt man meist Albert von Bollstädt, der als Albertus Magnus bekannter ist, und Roger Baco.

Albert von Bollstädt aus Lauingen war lange Zeit für den Dominikanerorden als Lehrer an vielen Plätzen tätig. Er besaß bedeutende Kenntnisse in der Chemie und der praktischen Mechanik, woran sich eine Reihe unkontrollierbarer Sagen knüpft. Seine Zeitgenossen, bei denen er im Rufe eines Zauberers stand, gaben ihm bereits seines umfassenden Wissens wegen den Namen Albertus Magnus und nannten ihn „Doctor universalis". Trotz seiner zahlreichen Schriften kennen wir keine Entdeckung von ihm auf physikalischem Gebiete. Wir führen ihn trotzdem an, weil er die Ansicht vertrat, man müsse bei naturwissenschaftlichen Fragen die Erfahrung und den Versuch ganz besonders berücksichtigen. Da er sich aber nirgends aus den Fesseln peripatetischer Dialektik befreit, sie im Gegenteil noch enger zieht, ist er für den Fortschritt der Naturwissenschaft bedeutungslos, was man allen Ehrenrettungen gegenüber nur erneut betonen kann.

Der englische Franziskanermönch Roger Baco brachte

mehrere Jahre seines Lebens im Kerker zu, weil er sich zu offen über die Ignoranz und moralische Verderbtheit der geistlichen Herren ausgesprochen hatte. Er eiferte gegen das Studium aristotelischer Schriften, die er für gerade gut genug zum Verbrennen erklärte. Obwohl er darauf bestand, man könne sich nur durch das Experiment vor Irrtümern in der Naturerkenntnis bewahren, trieb er, wenn auch nur in bescheidenem Maße, Alchemie und Astrologie. In der Physik widmete er sich hauptsächlich der Optik, ohne jedoch über Alhazen hinauszugehen. Den Regenbogen hielt er für verschwommene Sonnenbildchen an zahllosen Wassertropfen und seine Farben für eine durch die Bestandteile des Auges hervorgerufene subjektive Erscheinung. Sein Zeitgenosse Witelo (Vitello) aus Thüringen und Peckham, Erzbischof von Canterbury, konnten ebenfalls keine ausreichende Erklärung des Regenbogens geben, dagegen kam der während der zweiten Hälfte des 13. Jahrhunderts in Persien lebende Kotb ed Dîn Abû al Tanâ Mahmûd ibn Marûd al Schîrasî zu dem richtigen Glauben, der Hauptbogen entstehe durch zweimalige Brechung und einmalige Zurückwerfung der Sonnenstrahlen in Wassertröpfchen, während beim Nebenbogen noch eine weitere Reflexion dazukomme. Die nämliche Erklärung gibt auch der Dominikaner Theodorich (Dietrich) aus Freiberg in Sachsen (1311), doch wissen wir nicht, ob er sie selbständig oder unter dem Einfluß von Al Schîrasî gefunden hat.

Wir müssen nochmals zu Roger Baco zurückkehren. Phantastische Schilderungen in seinen Werken lassen sich heute als Hinweise auf Fernrohr, Automobil, Dampfschiff, Flugzeug usw. deuten, berechtigen aber keinesfalls dazu ihn zu den Erfindern dieser neueren Schöpfungen zu rechnen. Wohl aber darf man ihn den Männern zuzählen, die der naturwissenschaftlichen Reformation vorgearbeitet haben.

wenn ihnen auch der eigentliche Erfolg versagt geblieben ist. Mit gutem Recht dürfen wir hier auch eines deutschen Gelehrten gedenken. Es ist Jordanus Nemorarius, über dessen Lebensschicksale wir leider noch viel zu wenig wissen. Er machte erstmals den Versuch, die mechanischen Sätze nicht auf dem Wege der Statik zu behandeln, wie es bis dahin gang und gäbe war, sondern sich einer dynamischen Betrachtungsweise zu bedienen, der nur die scharfe Erfassung durch mathematische Ausdrücke fehlt. Fall, schiefe Ebene und Hebel, neben dem geradlinigen auch den Winkelhebel, macht er zum Gegenstand seiner Studien, in denen der Kern des Prinzips der virtuellen Verschiebungen steckt.

Da sich bei Albertus Magnus und Roger Baco Erwähnungen von Kompaß und Schießpulver finden, ist hier der geeignete Platz für die Geschichte dieser beiden Erfindungen. Die Direktionskraft eines frei beweglichen Magneten wurde schon früh praktisch verwendet. In China besaß man zweirädrige Karren mit einer drehbaren Figur, die durch einen Magneten im ausgestreckten Arm nach Süden wies. Derartige Wagen, die von den chinesischen Kaisern bei ihren Fahrten durch die entsetzlich öden Lößebenen ihres Reiches benutzt wurden, lassen sich erst für das dritte nachchristliche Jahrhundert nachweisen. Damit fallen alle Behauptungen, die diese Magnetwagen um zwei- bis dreitausend Jahre älter gelten lassen wollen. Wann der eigentliche Kompaß im Abendland aufkam, ist noch nicht mit Sicherheit bekannt. Erwähnt wird er von Alexander Neckam (um 1195), von Guiot de Provins (zwischen 1203 und 1208), von Jacques de Vitry (1218) usw. Die erste Beschreibung des Kompaß, als dessen Erfinder Flavio Gioja aus Amalfi (1320) sicher nicht gelten kann, findet sich erstmals bei Petrus Peregrinus (Pierre de Maricourt), der von allerlei magnetischen Versuchen erzählt (1269), die er angestellt, aber höchst wahrscheinlich nicht ausnahmslos ersonnen hat. Durch Auflegen eiserner Nadeln auf einen runden Magnetstein ermittelte er dessen Pole und bestimmte ihre Art durch die Richtung, die der Stein annahm, wenn er ihn auf einen Schwimmer brachte. Durch Nähern eines zweiten Steins fand er das Gesetz für die polare Anziehung und Abstoßung. Er kannte mit einigen Einschränkungen das Wesen der magnetischen Influenz und die Bildung kleiner Magnete beim Zerbrechen einer magnetisierten Nadel, was Gilbert später nochmals entdeckte.

Bei Roger Baco findet sich die früheste Vorschrift zur Herstellung von Schießpulver, dessen Geschichte immer noch der völligen Aufhellung harrt. Nach seiner schon früher anzunehmenden Verwendung als Sprengstoff scheint es etwa an der Schwelle zum 14. Jahrhundert als Schießmittel aufgekommen zu sein. Der früheste zurzeit bekannte bildliche Hinweis auf ein Pulvergeschütz findet sich in der zu Oxford aufbewahrten Handschrift „De officiis regum“ die Walter von Millemete zum Verfasser hat und aus dem Jahre 1326 stammt. Die Erzählung vom schwarzen Berthold (nicht „Berthold Schwarz“!) ist in der meist gedruckten Form kaum mehr als eine unhistorische Fabel.

Nicht frei von Willkür ist es, die Geschichte der Turmuhren oder gar der Räderuhren mit dem dreizehnten Jahrhundert anheben zu lassen. Was uns von den älteren Zeitmessern überliefert ist, läßt der Deutung so außerordentlich viel Spielraum, daß ein klares Erkennen des Werdens der Räderuhr zunächst noch zu den Unmöglichkeiten gehört. Ganz unstatthaft ist es, einzelne Männer, wie z. B. Heinrich von Wiek, als Räderuhrenerfinder aufzuführen. Bei derartig verwickelten Mechanismen kann man überhaupt nicht von einem einzelnen Erfinder reden.

Mit dem ausgehenden dreizehnten Jahrhundert taucht auch die Kunst der Brillenmacherei auf. Es war schon länger bekannt, daß man mit Linsengläsern Gegenstände vergrößert oder verkleinert sehen kann. Wir wissen jedoch trotz eingehender Nachforschungen nicht, wer zuerst auf den glücklichen Gedanken kam, solche Gläser bei Weit- oder Kurzsichtigen zu verwenden, kurzum die erste Brille zu ersinnen. Gewöhnlich wird der Florentiner Salvino degli Armati als Erfinder angeführt, weil sich früher in der Kirche S. Maria Maggiore zu Florenz ein Grabstein dieses Mannes aus dem Jahre 1317 befand, worauf der Bestattete „der Erfinder der Augengläser“ genannt wird.

Was das scholastische Zeitalter der wirklichen Naturerforschung genutzt hat, ist nach allem Besprochenen höchst dürftig. Es entsprach echt scholastischer Gesinnung zu glauben, man habe alles Wissenswerte so gründlich durchforscht, daß es überhaupt unmöglich sei, zu einer noch höheren Stufe der Erkenntnis fortzuschreiten. Wenn wir auch in der folgenden Zeit einen mächtigen Aufschwung beobachten, so erkennen wir doch leider noch zu häufig, wie sehr die kirchlich-scholastische Weltanschauung jede geistige Selbständigkeit untergraben hatte. Die unheilvollen Folgen des Scholastizismus mußten sich um so deutlicher zeigen, als ihm in der Inquisition, die Papst Gregor IX. 1232 den Dominikanern übertragen hatte, ein furchtbares Schutz- und Machtmittel erstanden war, das selbst auf starke Geister abschreckend wirken mußte und leider nur zu oft in den Entwicklungsgang der Wissenschaften hemmend eingriff.

Das Zeitalter der Renaissance.

Mit der Mitte des 15. Jahrhunderts vollzog sich in den Künsten und Wissenschaften ein ungeahnter Umschwung, indem das Abendland mit den hohen Schätzen wahrer hellenischer Kultur bekannt wurde, welche die aus dem 1453 zerstörten Konstantinopel nach Italien flüchtenden Gelehrten mitgebracht hatten. Wir pflegen bekanntlich dieses Wiederaufleben klassischer Bildung und freier wissenschaftlicher Forschung mit dem Namen „Renaissance" zu bezeichnen. Es zeigte sich, daß alles, was man bisher für klassische Kultur gehalten hatte, ein Truggebilde gewesen war, daß die verknöcherte Scholastik den wahren freien Geist des Altertums auch nicht annähernd erfaßte. Mit dem raschen Erblühen der schönen Künste konnte die Naturwissenschaft anfänglich nicht Schritt halten, die scholastischen Ideen waren zu fest eingewurzelt, als daß sie rasch hätten ausgerottet werden können. Nur äußerst langsam, aber dafür um so gesicherter bildeten sich in jener Zeit mit dem scheidenden 15. Jahrhundert die ersten Bestandteile zu unserem heutigen physikalischen Weltbild.

Wir wenden uns zunächst zu Nicolaus de Cusa (Cusanus), der als Sohn eines armen Schiffers Krebs zu Cues an der Mosel 1401 geboren war, 1448 zum Kardinal ernannt wurde und am 11. August 1464 zu Todi starb. Von den mannigfachen Verdiensten dieses Mannes erwähnen wir zunächst seine Lehre von der Bewegung der Erde, die er in seinem berühmten Werke „De docta ignorantia" (Vom gelehrten Nichtwissen) niedergelegt hat. Cusa widerspricht zunächst der aristotelischen Ansicht, daß die Erde aus schlechterer, gröberer Materie bestehe als die Sterne, und stellt den Satz auf, die Erde sei ein Stern wie alle anderen, größer als der Mond, aber kleiner als die Sonne, wofür die Erscheinungen bei Finsternissen mit genügender Beweiskraft sprechen. Ist nun die Erde ein gewöhnlicher Stern, so muß sie sich auch, so erstaunlich das klingen mag, wie ein solcher bewegen. Nach Cusa rotiert sie zunächst in

24 Stunden um ihre Achse, außerdem samt Sonne und Fixsternen in 12 Stunden um zwei Weltpole von veränderlicher Lage und schließlich noch um zwei im Äquator liegende Pole. Dieses kosmische System ist höchst verwickelt und genügt keineswegs. Immerhin ist es als Versuch interessant. Die Bewegung der Erde nehmen wir nach Cusa nicht wahr, weil man eine Bewegung nur durch Vergleich mit etwas Unbewegtem bemerken kann.

In seinem anderen physikalischen Werke „Dialogus de staticis experimentis" (Zwiegespräch über statische Versuche) wird durch einen Mechaniker einem Philosophen gegenüber eine Reihe von physikalischen Problemen aufgeworfen. Es wird z. B. vorgeschlagen, die Zeit durch das Gewicht von ausfließendem Wasser zu messen, ferner die Feuchtigkeit der Luft durch die Gewichtszunahme von fest zusammengepreßter Wolle zu ermitteln. Dem Arzt wird die Bestimmung des spezifischen Gewichts von Blut, Urin usw. empfohlen. Auch ein Apparat zur Bestimmung der Meerestiefe wird beschrieben, der im Prinzip eine gewisse Ähnlichkeit mit dem Tiefseelot des Midshipmans Brooke (1854) besitzt.

Sind auch manche der in diesem Werke Cusas aufgeführten Projekte unbrauchbar, ja sogar zum Teil unsinnig, so beweist es doch den Drang des Verfassers nach Wahrheit und nach wirklicher Naturerkenntnis.

Dem aufkeimenden Wunsche nach wissenschaftlicher Betätigung kam die Erfindung der Buchdruckerkunst durch Johann Gutenberg sehr zu statten. Die nun ermöglichte rasche und weite Verbreitung literarischer Werke verleiht seiner Erfindung hohe weltgeschichtliche Bedeutung, deren Besprechung hier unterbleiben darf.

Wie übel es mit dem scholastischen Wissen bestellt war, konnte man an der Entdeckung des Columbus bemessen.

Er hatte sich zuerst ergebnislos an den portugiesischen König und dann mit Erfolg an den spanischen Hof gewandt, um zu einer westlichen Fahrt nach Indien Unterstützung zu finden. Ein Kollegium der Universität zu Salamanca mußte ein Gutachten über diesen Plan abgeben. Man meinte, bei einer gewölbten Erdoberfläche müsse man doch notwendigerweise „am Rande" herabfallen oder jedenfalls nicht mehr imstande sein, über die Wölbung herauf nach der Heimat zurückzusegeln. Columbus hielt aber zäh an seiner Meinung fest. Am 3. August 1492 segelte er mit drei kleinen Fahrzeugen aus dem Hafen Palos in der Nähe der Guadalquivirmündung ab, erreichte nach den bekannten Mühsalen am 12. Oktober die von den Eingeborenen Guanahani, von ihm San Salvador benannte Insel und traf nach weiteren Entdeckungen am 15. März 1493 wohlbehalten wieder zu Hause ein, ohne daß sich jene törichte Prophezeiung des Rates zu Salamanca bewahrheitet hatte. Und doch hatte er 21 000 Kilometer, also etwa mehr als die Hälfte des Erdumfanges zurückgelegt. Man liest häufig, Columbus habe auf seiner ersten Fahrt die Deklination der Magnetnadel entdeckt. Das trifft nicht zu, da der früheste noch erhaltene Kompaß (vom Jahre 1451) eine Linie für 11^0 östlicher Deklination aufweist. Die räumliche Verschiedenheit der Deklination hielt man bis zur Mitte des 16. Jahrhunderts für eine Folge ungenauer Beobachtung und meinte, die Nadel müsse eigentlich genau nach Norden zeigen, wie es Gonzales Oviedo im Jahre 1493 bei den Azoren bemerkt hatte. Erst der in Duisburg verstorbene Kosmograph Gerhard Mercator, dessen Namen eine bekannte Kartenprojektion noch heute festhält, sah die Erde als einen Magneten mit zwei Polen an, die die Richtung der Kompaßnadel bedingen (1546).

Die Physik im sechzehnten Jahrhundert.

Ein eigentümliches Schicksal hat es gewollt, daß der Mann, der die italienische Kunst von der Früh- zur Hochrenaissance heraufführte, Leonardo da Vinci, nicht auch unmittelbar befruchtend auf den Entwicklungsgang der Physik einwirken konnte. Er hatte seine Schriften einem Freunde, Francesco Melzi, hinterlassen, durch dessen Erben sie teilweise verloren und teilweise in allen möglichen Städten Italiens zerstreut wurden. Die in der Ambrosianischen Bibliothek zu Mailand aufbewahrten Manuskriptteile wurden 1796 durch die Franzosen nach Paris geschleppt und erst durch Venturi 1797 veröffentlicht. Es zeigte sich, daß Leonardo da Vinci nicht nur auf dem Gebiete der schönen Künste, sondern auch in der Technik und der Physik staunenerregende Leistungen verzeichnen konnte, die drei Jahrhunderten unbekannt geblieben waren. Um zunächst den Standpunkt Leonardos in naturwissenschaftlichen Fragen richtig beleuchten zu können, geben wir einige Sätze aus seinen Schriften.

„Die Erfahrung läßt uns die wunderbaren Werke der Natur erkennen; sie allein täuscht niemals. Wohl aber täuscht unsere Auffassung sich selbst, wenn sie Erscheinungen erwartet, wie sie die Natur gar nicht darbietet. Wir müssen bei den verschiedenartigsten Umständen die Erfahrung befragen, um daraus ein allgemeines Gesetz zu erhalten. Und wozu? Sie sollen uns zu weiteren Naturstudien und technischen Kunstwerken führen. Ist die Theorie der Feldherr, so ist die Praxis das Heer der Soldaten. Eine wissenschaftliche Gewißheit muß mathematischer Behandlung zugänglich sein. Naturforscher, die die Natur nicht befragen, sind — ich will bündig reden — nur kleine Kinder. Die Natur ist einzig und allein die Lehrerin des Genies. Höret die Albernheit! Man verspottet den, der lieber von der Natur direkt lernen will, als aus Autoren, die doch auch der Natur Schüler sind."

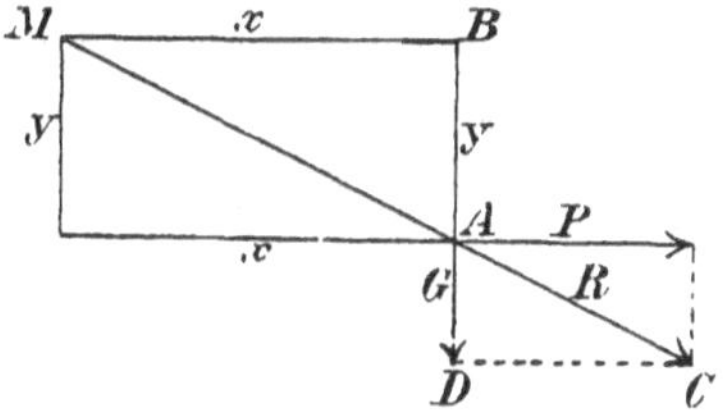

Fig. 3. Leonardo da Vinci, Statisches Problem I.

Es ist leicht begreiflich, daß bei solchen Grundanschauungen schöne Erfolge nicht ausbleiben konnten. Das bisher wenig bebaute Gebiet der Mechanik interessierte Leonardo ganz besonders. Wir beginnen mit seinen Hebelstudien.

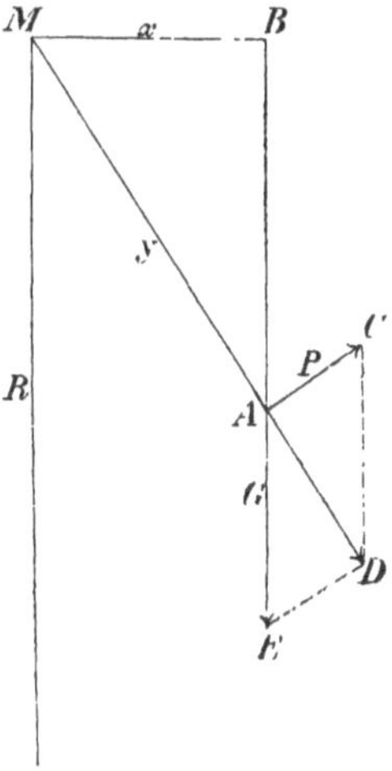

Fig. 4. Leonardo da Vinci. Statisches Problem II.

Es sei M (Fig. 3) der Unterstützungspunkt eines in A mit dem Gewichte G belasteten „reellen" Hebels AM, an dem in A noch die Horizontalkraft P angreift. Fällt man dann von M aus auf die Kraftrichtungen die Lote x und y — Leonardo heißt sie „potentielle Hebel" —, so herrscht nach ihm Gleichgewicht, wenn

$$G : P = y : x$$

ist. Einen Beweis gibt aber Leonardo hier wie für die folgenden Sätze nicht. Wir würden heute etwa sagen: Es herrscht Gleichgewicht, wenn die Resultierende R zu P und G in die Richtung des Hebels AM fällt. Die Ähnlichkeit der Dreiecke ABM und ADC liefert dann die vorige Proportion.

Dieser Aufgabe ist folgende verwandt. An dem in M (Fig. 4) angeknüpften Faden AM greift in A eine Kraft G an, die vertikal abwärts wirkt und durch eine zum Faden senkrechte Kraft P im Gleichgewicht gehalten werden soll. Sind wieder wie vorhin x und y, das jetzt in die Fadenrichtung fällt, die „potentiellen Hebel“, so besteht nach Leonardo Gleichgewicht, wenn die Proportion gilt:

$$G : P = y : x.$$

Wir würden etwa sagen: Es herrscht Gleichgewicht, wenn

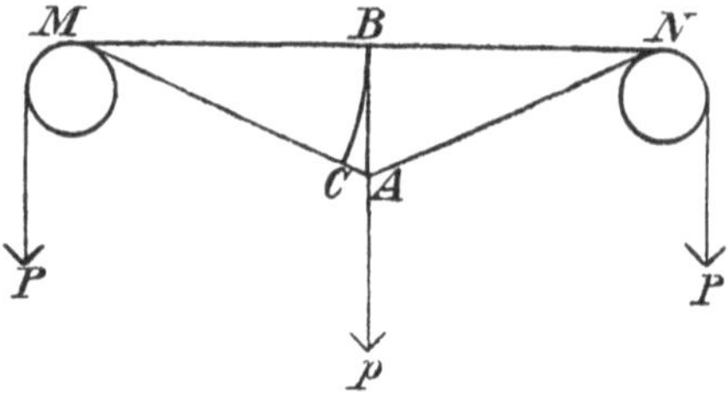

Fig. 5. Leonardo da Vinci, Statisches Problem III.

die Resultierende R zu P und G in die Fadenrichtung fällt, was wegen der Ähnlichkeit der Dreiecke ABM und ADE dieselbe Proportion liefert.

Leonardo untersucht auch (Fig. 5), unter welcher Bedingung ein durch Gewichte P gespanntes Seil MN beim Belasten der Mitte durch ein Gewicht p im Gleichgewicht ist. Zu diesem Zwecke trägt er MB von M aus auf MA ab und findet Gleichgewicht, wenn die Proportion besteht:

$$p : P = CA : BA.$$

Mit Hilfe des bekannten Hebelgesetzes ermittelt er auch die Sätze über das Gleichgewicht an Rolle, schiefer Ebene und Keil. Seine Untersuchungen kommen alle auf das Prinzip der virtuellen Geschwindigkeiten hinaus, dessen Inhalt er etwa so ausspricht, daß die bei einer Maschine im Gleichgewicht befindlichen Kräfte ihren virtuellen Geschwindigkeiten indirekt proportional sind.

Leonardo unterscheidet bei seinen Arbeiten sehr genau die Begriffe „Kraft“ und „Wucht“ (= kinetische Energie). Bei solch klaren Anschauungen ist es begreiflich, daß er ein „Perpetuum mobile“ für widersinnig erklärte.

Den Glauben der Peripatetiker, daß ein großer Körper rascher zu Boden falle als ein kleiner, teilte er seltsamerweise trotz mehrerer Versuche. Als er Holzstücke von einem Turm herabfallen ließ und sich merkte, wo diese Klötze sich während des Falles nach gleichen Zeiträumen befanden, machte er die Wahrnehmung, daß die Fallräume in gleichen Zeiten eine sog. arithmetische Reihe bildeten. Den fehlenden Schritt zu dem vollständigen Fallgesetze tat er jedoch nicht. Als er diese Versuche mit Bleiklötzen wiederholte, bemerkte er, daß diese den Boden nicht genau senkrecht unter dem Ausgangspunkt trafen, sondern eine kleine östliche Abweichung ergaben. Er erklärte diese Erscheinung mit ihrem wahren Grunde, der Achsendrehung der Erde, die man schon wiederholt angegeben hatte. Daß jene östliche Abweichung geradezu einen Beweis für die Erdrotation liefern kann, entging Leonardo.

Beim Studium des Falls auf einer schiefen Ebene gelangte er zu dem Satze, daß das Verhältnis der Fallzeit eines Körpers längs der schiefen Ebene zur Fallzeit durch deren Höhe dasselbe ist, wie das Verhältnis der Ebenenlänge zur Ebenenhöhe. Aus dieser wichtigen Beziehung gelangte er aber nicht zum eigentlichen Gesetz über die Kräfte, da er bei seinen Untersuchungen den zur Ebene senkrechten Druck als proportional zum Neigungswinkel ansah.

Bei technischen Problemen boten sich Leonardo Fragen über die Reibung. Er fand, daß deren Größe bei unveränderter Belastung des bewegten Gegenstandes von der Größe der Berührungsfläche nicht abhängt. Dieser bekannte Satz, den man meist Coulomb zuschreibt, findet sich hier zum ersten Male, außerdem auch noch vor Coulomb bei Amontons (1699). Recht eigentümlich ist es, daß Leonardo da Vinci gar keinen Unterschied in den Reibungskoeffizienten kennt, sondern immer 25 % dafür annimmt, während doch für die einzelnen Stoffe ganz bedeutende Unterschiede auftreten.

Mit der Mechanik der Flüssigkeiten war Leonardo gut vertraut. Dafür sprechen schon die Anlagen des Adda- und des Martesana-Kanals. Er kennt das Gesetz der kommunizierenden Gefäße auch für den Fall zweier verschieden schwerer Flüssigkeiten, wobei er dann die Höhen als den spezifischen Gewichten indirekt proportional angibt. Auch die Bildung von Wasserwellen hat er studiert. Er weiß z. B., daß beim Einwerfen eines Steins ins Wasser die entstehende Welle sich nur scheinbar weiterbewegt, daß nämlich die einzelnen Wasserteilchen sich nur auf und ab bewegen. Er vergleicht dies trefflich mit den Wellen, die der Wind in einem Kornfeld erzeugt. Leonardo weiß auch, wie sich Wellensysteme, die von zwei verschiedenen Mittelpunkten ausgehen, bei der Durchkreuzung gegenseitig beeinflussen (Interferenz). Wir wollen nur andeuten, daß er auch die Reflexion von Wellen einer genaueren Betrachtung unterzieht. Das Aufsteigen von Wasser an der Wand eines schnell rotierenden Gefäßes führt ihn zu dem Vorschlag einer eigenartigen Zentrifugalpumpe.

Leonardo hält das Vakuum für möglich, kennt den Druck der Luft und will ihm sogar eine Bedeutung bei der Wasserbewegung im Pumpenrohr einräumen. Es muß betont werden, daß Leonardo auch genau wußte, welche Rolle die Luft bei Verbrennungserscheinungen spielt. Wäre seinen Schriften nicht jenes schlimme Geschick beschieden gewesen, so hätte die bekannte Phlogistontheorie des Chemikers Georg Ernst Stahl wohl nie zu jener Bedeutung in der Entwicklungsgeschichte der Chemie kommen können, die sie tatsächlich hat.

Aus der Wärmelehre müssen neben den Vorschlägen für allerlei Öfen, Lampen usw. seine Gedanken herausgehoben werden, die auf eine Verwertung des Dampfes (auch bei einem Geschütz) hindeuten. Das schon von Nicolaus Cusanus vorgeschlagene Hygrometer finden wir auch bei ihm.

In der Akustik fand Leonardo die Resonanz an zwei gleichgestimmten Saiten einer Laute, sowie an zwei Glocken, von denen eine zu tönen begann, wenn die andere von gleicher Tonhöhe in der Nähe angeschlagen wurde. Mit dem von ihm erfundenen Hörrohr bemerkte er, daß das Wasser den Schall besser fortleitet als die Luft. Für Echo und Nachhall konnte er die richtige Erklärung aus der Reflexion des Schalls geben. die er mit der Spiegelung des Lichtes verglich.

Auf die schon vor ihm bekannte Camera obscura gründete er eine Theorie des Sehens, besonders um das umgekehrte Bild auf der Netzhaut zu erklären, das er anscheinend zuerst beobachtet hat. Seine Meinung stützte er durch das später von Scheiner angegebene Experiment, das wir meist nach diesem nennen und bei ihm beschreiben wollen (siehe S. 78).

Auch auf eine später beim Stereoskop benutzte Tatsache macht Leonardo da Vinci aufmerksam. Er weist nämlich darauf hin, daß jedem Auge der Raum hinter einem undurchsichtigen Körper verborgen bleibt, der dem Schatten entspricht, wenn man das Auge durch eine Lichtquelle ersetzt denkt. Dem rechten Auge R bliebe also (Fig. 6) der Raum A_1ACC_1, dem linken aber D_1DBB_1 verborgen. Beim Sehen mit beiden Augen zugleich bleibt aber nur der Kernschatten unsichtbar, so daß also gewissermaßen beim binokularen Sehen der Körper K durchsichtiger wird.

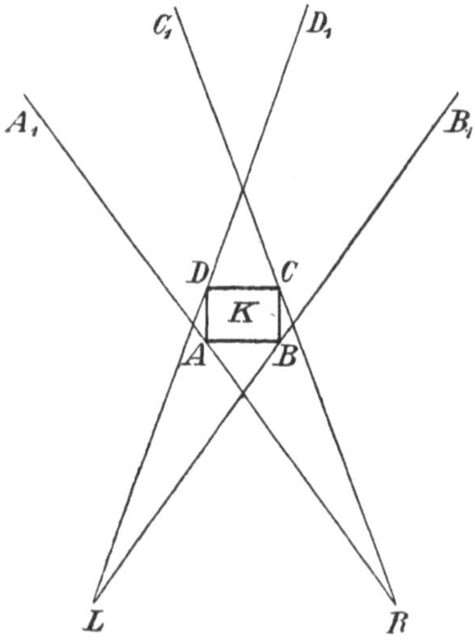

Fig. 6. Stereoskopisches Sehen nach Leonardo da Vinci.

Unter den astronomischen Notizen Leonardos gibt eine große Zahl in richtiger Darstellung diejenigen Erscheinungen an, die ein Mondbewohner beobachten könnte; unter anderm gibt er die bekannte Erklärung für das sog. „aschfarbene Licht".

Fast unübersehbar ist die Reihe der technischen Pläne und Entwürfe, die Leonardos gründlicher Kenntnis der wissenschaftlichen Grundfragen entsprangen. Neben Hebezeugen aller Art findet man bei ihm ein buntes Vielerlei aus der mechanischen Technologie. Wegmesser, Schrittzähler, Proportional- und Parabelzirkel wechseln ab mit Plänen für verschiedenartige Kriegsmaschinen, mechanische Musikwerke, Anzüge und Helme für Taucher, Flugmaschinen, Schwingen- und Schraubenflieger usw.

Der größte Teil von dem, was Leonardo da Vinci erdacht und versucht hat, ist durch die merkwürdigen Schicksale seiner Schriften rasch in Vergessenheit geraten. Da sich aber Spuren seiner Gedanken bei späteren Forschern auffinden lassen, darf man heute nicht mehr glauben, sein gewaltiges Wissen und Können, seine Gedanken und Erfindungen seien überhaupt nicht Gemeingut der Wissenschaft geworden. Aus unbekannten Gründen war freilich der Einfluß höchst gering. Das zeigt z. B. die Physik der beiden Italiener Tartaglia und Cardano.

Tartaglia gibt zunächst an, die Bahn eines horizontal geworfenen Körpers sei überall gekrümmt, während die Peripatetiker glaubten, sie sei zunächst eine horizontale und nach geringer Krümmung eine vertikale Gerade. Tartaglia argumentiert nun weiter: „Wirft man einen Körper senkrecht (unter 90°) in die Höhe, so ist die Wurfweite in der Horizontalen gleich Null. Wirft man ihn horizontal (unter 0°), so sinkt er sofort unter die Horizontale, hat also auch auf dieser die Wurfweite Null. Also (!!) muß man die größte Wurfweite erhalten, wenn man ihn mit einer Elevation von 45° wirft." Zufällig ist das wahr, aber Tartaglias Logik ist so schlecht als nur möglich.

Cardano, ein dunkler Ehrenmann, hat zunächst die richtige Anschauung, daß man zur Bewegung eines Körpers auf einer horizontalen (idealen) Ebene keine Kraft brauche, während man bei einer Vertikalebene zum Heben des Körpers die Schwere im vollen Betrag überwinden müsse. Aus dieser Wahrheit zieht Cardano nun den bösen Schluß, die auf der schiefen Ebene erforderliche Kraft sei dem Neigungswinkel proportional, während sie tatsächlich dem Sinus proportional ist. Die „cardanische Aufhängung" führt ihren Namen völlig zu Unrecht. Sie wird zwar von Cardano (1550) erwähnt, findet sich jedoch schon 1800 Jahre früher bei

Philon von Byzanz. Der Lagerung des Schiffskompasses im Ringgehänge begegnet man bereits bei Leonardo da Vinci. Das weiteren Kreisen vom Automobil her bekannte Cardangelenk ist bei Cardano nicht nachweisbar. Übrigens ist auch seine Benennung nach R. Hooke („Hookescher Schlüssel“) nicht am Platze, da es schon 1664 von Kaspar Schott beschrieben wurde.

Zu wirklicher Bedeutung in der Mechanik gelangte der 1548 zu Brügge geborene und 1620 zu Leiden verstorbene niederländische Deichinspektor Simon Stevin

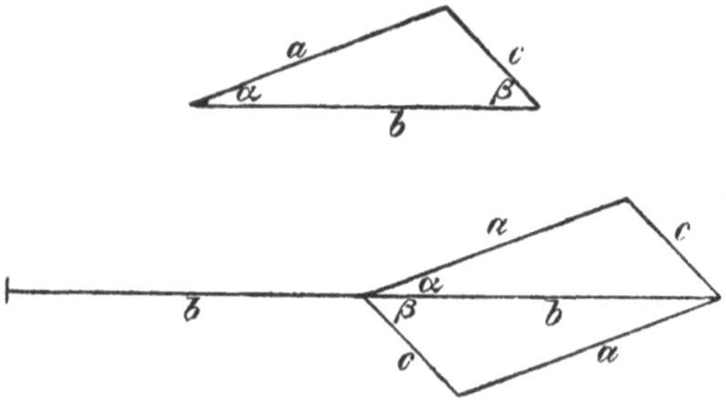

Fig. 7. Dreieck der Kräfte nach Stevin.

mit seinem leider nicht in der Gelehrtensprache geschriebenen und daher in jener Zeit wenig beachteten Werke (1586) „De Beghinselen der Weegkonst“ (Anfangsgründe der Wägekunst). Er denkt sich um ein Dreieck mit horizontaler Grundseite eine gleichmäßig beschwerte Kette gelegt. Diese ist offenbar ohne Bewegung, auch dann, wenn die an den drei Seiten anliegenden Kettenteile zu je einer Last vereinigt sind, und wenn außerdem keine der drei Seiten horizontal ist. Die drei Kräfte sind also im Gleichgewicht, wenn sie in Größe und Richtung den drei Seiten eines Dreiecks entsprechen. Wir können auch sagen: Stoßen drei Kräfte a, b, c in einem Punkte P zusammen unter den Winkeln $\sphericalangle (a, b) = \alpha$ und $\sphericalangle (a, c) = \beta$, so herrscht Gleichgewicht, wenn man aus ihnen ein Dreieck konstruieren kann, das a, b und c als Seiten und α und β als anliegende Winkel an b aufweist (Figur 7). (Legt man an b dasselbe Dreieck nochmals an, so entsteht unser Parallelogramm der Kräfte.) „Wonder en is gheen Wonder" (Ein Wunder und doch kein Wunder) schreibt Stevin zu diesem merkwürdigen Satze.

Bei dem anfänglich besprochenen Dreieck müssen auch die Kettenteile auf den zwei schrägen Seiten sich gegenseitig im Gleichgewicht halten. da das Stück unter der Basis, durch die Schwere nur abwärts wirkend, keine seitliche Bewegung hervorrufen kann. Die Kräfte auf den beiden schrägen Seiten halten sich also im Gleichgewicht. wenn sie sich nach Größe und Richtung wie diese Seiten verhalten. Steht die eine der beiden Seiten auf der Grundlinie senkrecht, so repräsentiert der vertikale Kettenteil die Kraft, mit der man die Last auf der schrägen Seite einer schiefen Ebene im Gleichgewicht halten kann. Mit andern Worten: die Kraft steht zur Last in demselben Verhältnis wie die Höhe der schiefen Ebene zur Länge.

Zur Prüfung der aristotelischen Ansicht, ein schwerer Körper falle rascher als ein leichter, stellte Stevin (1605) den Versuch bei einer Fallhöhe von 30 Fuß mit zwei Gewichten an. von denen das eine zehnmal so schwer war als das andere. Die gleiche Fallzeit beider Gewichte widerlegte den alten Glauben.

Aus Versuchen. wie wir sie noch heute anzustellen pflegen, kam er zu dem wichtigen Gesetz der Hydrostatik. daß der Bodendruck einer Flüssigkeit keineswegs von der Gefäßform, sondern nur vom Oberflächenabstand abhängt und durch das Gewicht des auf dem Boden ruhenden Flüssigkeitsprismas gemessen wird. Ferner erkannte er die wechselseitige Beziehung dieses Gesetzes mit dem Satze von den kommunizierenden Gefäßen. In gleicher Weise behandeln wir auch heute noch das sog. hydrostatische Paradoxon mit dem Apparate von Haldat.

Stevin verallgemeinerte auch das Prinzip des Archimedes, indem er sich die Frage vorlegte, in welcher Lage denn eigentlich ein Körper schwimmen müsse. Er fand, daß stets der Schwerpunkt *S* des schwimmenden Körpers mit dem Schwerpunkt *W* der verdrängten Wassermasse in einer Vertikalen liegt, und daß zur Erreichung des Gleichgewichts *S* unter *W* liegen muß. Bei Schiffen tritt dies ein, wenn das sog. Metazentrum (der Schnittpunkt des Auftriebs mit der Längsmittelebene des Schiffs) über dem Schiffsschwerpunkt liegt.

An astronomische Studien auf mechanischer Grundlage hatte man bisher noch nicht gedacht. Das damals übliche Weltsystem des Ptolemäus (s. o.) war auch tatsächlich dafür gar nicht geeignet. Es nahm in der Hauptsache an, die Erde sei unbeweglich im Mittelpunkte der Welt umkreist von den acht Kristallsphären für die sieben Planeten und die Fixsterne. Da Ptolemäus möglichst allen bekannten Himmelserscheinungen genügen wollte, wies das ausgebaute System eine sinnverwirrende Kompliziertheit auf. Er hatte es in seiner Μεγάλη σύνταξις τῆς ἀστρονομίας (= Große Zusammenstellung der Astronomie) oder dem „Almagest" --- wie der Titel der arabischen Übersetzung lautete --- niedergelegt. Durch das sog. Zurückweichen der Äquinoktialpunkte paßte das System im Laufe der Jahrhunderte immer schlechter zu der Wirklichkeit, so daß z. B. die arabischen Astronomen, die am Hofe des kastilischen Königs Alfons X. zu Toledo mit mühsamen Messungen („alfonsinische Tafeln“) beschäftigt waren, fast daran verzweifelten. Selbst der weise Alfons X. meinte, wenn er bei der Schöpfung um Rat gefragt worden wäre, hätte er ein wenig mehr Einfachheit empfohlen.

Im Jahre 1543 erst erschien das Werk, das berufen war, nicht sofort, aber endgültig mit dem geozentrischen System aufzuräumen, um ihm ein heliozentrisches entgegenzustellen. Es war das Buch „De revolutionibus orbium coelestium“ (Über die Kreisbewegungen der Weltkörper), eine Frucht langjähriger Arbeit des Domherrn Nicolaus Coppernicus.

Das geozentrische System befriedigte ihn nicht, besonders vermißte er die Harmonie und Symmetrie, die sich ihm sonst in der Natur zu offenbaren schien. Wir lassen ihn selbst reden:

„Soll das Weltgebäude ein Gebilde sein, bei dem Hand, Fuß, Auge, Haupt, Herz, alle Glieder zwar einzeln, jedes für sich genommen, schön und hold sind, alle zusammen aber ein Ungeheuer, kein Ganzes? Wer zeichnet, welcher Baumeister entwirft so? Und Gott soll unsere Sonnen und Erden also entworfen haben?“ Vom eigenen System sagt er: „Durch keine andere Anordnung habe ich eine so bewundernswerte Symmetrie des Weltalls, einen so harmonischen Zusammenhang der Bahnen gefunden, als dadurch, daß ich die Sonne, die umherkreisende Familie der Gestirne lenkend, als Weltleuchte in die Mitte des herrlichen Naturtempels wie auf einen Thron setzte, von dem aus sie alles durchleuchten kann.“

Den Gedanken von der Erdbewegung haben vor Coppernicus schon wiederholt Gelehrte ausgesprochen, aber nicht so konsequent verfolgt, wie er das tut. Er folgerte aus seinen Beobachtungen: „Die Erde dreht sich in 24 Stunden in der Richtung von West nach Ost um eine Achse“, ferner: „Die Erde beschreibt in einem Jahre einen Kreis um die Sonne." Coppernicus hatte die richtige Anschauung, daß die Erdachse bei der jährlichen Bewegung parallel bleiben muß, und ersann sich einen Mechanismus zwischen Sonne und Erde, mit dem dies erreicht würde. Die mangelhaften Kenntnisse seiner Zeit in der Mechanik entschuldigen diesen Irrtum, den später Galilei beseitigen konnte.

Mit Rücksicht auf die große Bedeutung des Coppernicanischen Systems für Astronomie und Physik und die Schicksale Galileis müssen wir etwas genauer auf seine Geschichte eingehen. Der lutherische Theologe Andreas Hoßmann, genannt Osiander, in Nürnberg war mit der Beaufsichtigung des Druckes des Coppernicanischen Buches betraut. In gut gemeinter Absicht spielte er dem Werke und seinem Verfasser einen schlimmen Streich. Die Vorrede sollte nämlich mit einer Widmung an Papst Paul III. ausdrücklich betonen, der Verfasser lehre nicht etwa eine Hypothese, sondern unumstößliche Tatsachen, die man nicht mit verdrehten Bibelstellen bekämpfen dürfe. Coppernicus sagt:

„Heiligster Vater, ich weiß wohl, daß viele Leute meine Lehre als unbedingt verwerflich bezeichnen werden, wenn sie vernehmen, daß ich .... der Erdkugel gewisse Bewegungen zuschreibe. .... Sollten hohle Schwätzer auftreten und sich ein Urteil anmaßen, obgleich sie mathematisch nicht geschult sind, und dann gestützt auf eine böswillig für ihre Zwecke verdrehte Stelle der Heiligen Schrift mein Werk anzugreifen und zu tadeln wagen, so will ich mich um solche Leute gar nicht kümmern und ihre Kritik als leichtfertig verachten ...... Mathematisches wird nur für Mathematiker geschrieben, und daß diese der festen Ansicht sein werden, meine Arbeiten könnten auch der Kirche von Nutzen sein, das weiß ich ziemlich sicher."

Osiander hielt eine solche Sprache für zu gefährlich und wollte die Vorrede ändern, was Coppernicus aber nicht genehmigte. Osiander tat es aber doch. Als unser Astronom die ersten Bogen seines Werkes erhielt, lag er schon — so erzählt man —, an Geist und Körper gelähmt, auf dem Sterbebette. Er hat von der Fälschung Osianders nichts mehr erfahren. Jetzt war das Werk „ungefährlicher", aber sein Inhalt war ja doch nur Hypothese, wie die neue Vorrede sagte; deshalb beschäftigte man sich nicht sehr eingehend damit. Zudem widersprach es ja offenbar aller Beobachtung. Warum spüren wir denn nichts von der Erdbewegung? Wenn die Erde wirklich rotierte, so müßte man doch nach einem Sprunge westlich vom ersten Standpunkt wieder auf den Boden kommen! So argumentierten die Gegner. Es fehlten eben noch die physikalischen Beweise, besonders aber das Beharrungsgesetz, das erst Galilei aufstellte.

Wir wollen schon hier vorweg betonen, daß die Kirche. sowohl die katholische als evangelische, die neue Lehre bekämpfen mußte. Nahm man die Erde im Mittelpunkt der Welt an, so war sie dadurch vor allen Himmelskörpern bevorzugt und erschien gewissermaßen als Endzweck der Schöpfung und mit ihr die darauf wohnende Menschheit. In dem neuen System fiel aber diese bevorzugte Stellung der Erde weg, und die ihr angepaßte Heilige Schrift schien an universeller Bedeutung zu verlieren, was man natürlich nicht aufkommen lassen durfte, da die Reformation ohnehin schon genug Verwirrung in berufenen und unberufenen Köpfen angerichtet hatte.

So sehr Tycho Brahe, der Hofastronom Kaiser Rudolfs II., das Genie des Coppernicus achtete, so wenig konnte er sich seiner Lehre anschließen. Er stellte vielmehr ein eigenes System auf, das er in dem Werke „De mundi aetherei recentioribus phaenomenis" veröffentlichte. Er ließ die Planeten Kreise um die Sonne beschreiben, diese selbst sich wieder in einem Kreise um die Erde bewegen.

Auf dem Gebiete der Optik kommen im sechzehnten Jahrhundert besonders zwei Männer in Betracht: Franciscus Maurolycus und Giambattista della Porta.

Maurolycus war Abt des Klosters Santa Maria a Partu bei Castro nuovo und beschäftigte sich viel mit mathematischen Dingen. Seine optischen Studien sind in dem Werke: „Photismi (theoremata) de lumine et umbra" niedergelegt. Er macht zum ersten Male darauf aufmerksam, daß ein Lichtstrahl sich parallel verschiebt, wenn er eine planparallele Platte passiert. Über den physikalischen Vorgang im Auge hat er wesentlich richtigere Vorstellungen als seine Zeitgenossen, vor allem indem er die Linse des Auges mit einem Brennglase vergleicht. Das Bild auf der Netzhaut hält er aber für aufrecht, da man sonst alles umgedreht sehen müsse. Obgleich seine Erklärung für Kurz- und Weitsichtigkeit den Tatsachen nicht entspricht, finden wir bei ihm die richtige Deutung der Brillenwirkung.

Ein seltsames Buch ist die „Magia naturalis", die von Porta im Jahre 1558 veröffentlicht und 1589 erheblich erweitert nochmals herausgegeben wurde. An abenteuerlichen und unnatürlichen Dingen und Apparaten ist das Buch überreich und damit mehr geeignet, die Leser zu verwirren als zu befriedigen. Wo und wie eigene Beobachtungen, Irrtümer, fremde Erfahrungen und Phantastereien hier zusammenfließen, läßt sich kaum entscheiden. Auf Portas Rechnung kommt anscheinend nicht sehr viel. Er erwähnt den Winkelspiegel, dessen Bilderzahl wächst, wenn der Winkel kleiner wird. Die Glüh- und Schmelzversuche, die Porta ausgeführt haben will, stammen kaum von ihm. Den Brennpunkt nennt er „Umkehrpunkt", weil ein Gegenstand zwischen diesem Punkt und dem Spiegel ein aufrechtes virtuelles Bild liefert, während das Bild eines Objekts jenseits dieses Punktes reell und umgekehrt ist. Das Bild kehrt sich also gewissermaßen um, wenn der Gegenstand den Brennpunkt passiert. Über die magnetischen Erscheinungen ist Porta schlechter unterrichtet als Petrus Peregrinus, nur das Auftreten ungleichnamiger Pole beim Magnetisieren eines Eisens ist klarer erkannt. Aus dem Umstand, daß er allen Ernstes erzählt, wie man die Treue einer Frau durch einen Magneten prüfen könne, mag erhellen, wie wenig seine krausen Vorstellungen der Durchdringung des Magnetismus dienen konnten.

Der als Vikar zu St. Sebald in Nürnberg verstorbene Georg Hartmann hat als Erster die Inklination bei einer gewöhnlichen Magnetnadel bemerkt. Da sein Bericht (1544) erst im Jahre 1831 bekannt wurde, findet man meist den englischen Seemann und Kompaßmacher Robert Norman als Entdecker genannt (1580). An einer Magnetnadel mit wagrechter Achse, dem ersten Inklinatorium, erhielt er einen annähernd richtigen Wert der Inklination, deren Ursache er in der Nadel selbst annahm. Zur Wahrheit kam erst William Gilbert, Leibarzt der Königin Elisabeth von England, der seine magnetischen und die noch zu besprechenden elektrischen Studien in dem zu London (1600) erschienenen Werke: „De magnete magneticisque corporibus et de magno magnete tellure Physiologia nova" niederlegte.

Gilbert ist der eigentliche Begründer des Erdmagnetismus. Er hängte erstmalig die Magnetnadel an einem Faden auf und führte sie um eine magnetisierte Stahlkugel herum, die die Nadel gerade so wie die Erde beeinflußte. Er glaubte, die magnetischen Pole fielen mit den geographischen zusammen. Nicht viel Glück hatte er mit den Annahmen, der Erdmagnetismus werde durch die Achsendrehung der Erde und die Deklination durch die ungleichmäßige Verteilung von magnetischem Land und unmagnetischem Wasser hervorgerufen. Die Wirkung natürlicher Magnete verstärkte er durch eine Armierung mittels eines Eisenbandes und zeigte, daß man keineswegs einen natürlichen Magneten brauche, um Stahl zu magnetisieren. Er fand nämlich, daß ein Stahlstab durch den Erdmagnetismus magnetisch wird, wenn man ihn senkrecht stellt oder in den Meridian legt, ganz besonders aber, wenn man ihm die Lage der Inklinationsnadel gibt. Bei ihm findet sich erstmals der moderne Begriff des magnetischen Felds. Er wußte, im Gegensatz zu Porta, daß ein Magnet überall Magnetismus aufweist, besonders viel aber an den Polen. Er vermutete daher, der Nord- und Südmagnetismus sei auf die einzelnen Hälften des Magneten verteilt, so daß man durch Zerbrechen den einen Magnetismus vom anderen trennen könne. Darin täuschte er sich aber: jeder Teil eines zerbrochenen Magneten wies einen Nord- und Südpol auf. Diese wichtige Tatsache, der schon Petrus Peregrinus nahegekommen war, bildet die Grundlage zu der bekannten Theorie Coulombs von den Molekularmagneten.

Eine wichtige, das Wesen des Magnetismus betreffende Frage hatte Norman gelöst. Er glaubte nämlich zuerst, eine Magnetnadel zeige eine Inklination durch das Gewicht des innewohnenden Magnetismus. Wie erstaunte er, als sich zeigte, daß ein Stahlstück sein Gewicht nicht änderte, wenn er es magnetisierte. Der Magnetismus war also gewichtslos, unwägbar. Die eigentliche Entwicklung des Begriffs von den Imponderabilien blieb aber einer weit späteren Zeit vorbehalten.

Die Anziehung von Eisen durch den Magneten erinnerte Gilbert an die längst bekannte, aber nur wenig beachtete Eigenschaft des geriebenen Bernsteins, leichte Körper anzuziehen. Er untersuchte alle möglichen Körper auf diese Eigenschaft hin, wobei er als anzuziehenden Gegenstand eine pfeilförmige, einige Zoll lange Metallnadel benutzte, die, in der Mitte unterstützt, auf einer Spitze balancierte. Er bemerkte, daß einige Körper nach dem Reiben die Nadel anzogen, andere aber nicht. Zu jenen gehörten Glas, Harze, Bergkristall, Diamant usw., zu diesen vor allem die Metalle, dann Knochen, Holz, Marmor usw. Dabei beobachtete er, daß die Anziehung durch feuchte Luft verhindert wurde, was doch bei einem Magneten sich unter keinen Umständen zeigte. Er nahm daher eine neue Naturkraft an, die er nach der griechischen Bezeichnung des Bernsteins: „elektrische Kraft" (noch nicht „Elektrizität") nannte. Seine Anschauungen über ihr Wesen können wir verschweigen, da sie als ganz unrichtig bald überholt wurden.

Geschichte der Physik in der Neuzeit.

Galileo Galilei.

Unsere Betrachtung der Physik des 16. Jahrhunderts hat uns zu verschiedenen Malen gezeigt, wie verhängnisvoll es für die Wissenschaft werden konnte, wenn Gesetze, die man durch naturphilosophische Spekulationen erlangt hatte, nicht auch durch den Versuch bestätigt wurden. Es bedeutete für den Entwicklungsgang unserer Wissenschaft einen ungeheuren Fortschritt, als man zu der wichtigen Erkenntnis gelangte, man müsse in physikalischen Fragen nicht einzig und allein die Naturphilosophie, sondern auch das Experiment das letzte und entscheidende

Wort reden lassen. Bei Leonardo da Vinci, Stevin und Gilbert finden sich schon die ersten Anfänge einer solchen Forschungsweise. Erst Galilei führte sie konsequent durch. Ihm gelang es, zu zeigen, auf welch schwachen Füßen die Physik der Peripatetiker stand, ja wie sie sogar Lehren weiterschleppte, die der einfachsten Erfahrung auf das gröblichste widersprachen.

Seine Erfolge sind mit seinen Lebensschicksalen so innig verknüpft, daß wir uns zunächst zu diesen wenden. Galileis Schüler Viviani hat sie zuerst geschildert (1654), dabei aber seiner Begeisterung zu stark die Zügel schießen lassen. Die neuere Forschung hat viel berichtigen können, deshalb weicht das hier gegebene Lebensbild oft von den üblichen Darstellungen ab, die sich meist kritiklos auf Viviani stützen.

Galileo Galilei wurde am 15. Februar 1564 als Sohn des Florentiners Vincenzo Galilei bei einem vorübergehenden Aufenthalt der Eltern zu Pisa geboren. Der Vater war als Musiker hochgeachtet, besaß aber nur wenig Vermögen und geringe Einkünfte, die ihm die erstrebte Erziehung seiner sechs Kinder sehr erschwerten. Galileo besuchte in Florenz, dem ständigen Wohnsitz der Eltern, die lateinische Schule, sollte aber nach dem Wunsche des Vaters Tuchhändler werden, da dieser Beruf bei den Landsleuten hoch geachtet war. Er kam jedoch zunächst zur weiteren Ausbildung zu den Brüdern des Klosters Vallombrosa, die ihn wegen seiner hohen Begabung für den Orden gewinnen wollten, was aber der Vater vereitelte. Er bestimmte ihn vielmehr für die Wissenschaft, und zwar für die damals einträglichste, die Medizin. Am 5. November 1581 bezog er als Student die Universität Pisa. Es gelang ihm aber nicht, sich den fremden Ideen, die man dort vortrug, anzuschließen. Es drängte ihn nach eigenem Forschen. Disputationen, die er zum Teil sogar öffentlich über Punkte aristotelischer Weisheit hielt, schufen ihm schon frühzeitig manche Feinde. Mit 19 Jahren fand er bereits den Isochronismus der Pendelschwingungen, d. h. die Tatsache, daß die Schwingungsdauer eines Pendels von der Schwingungsweite (in gewissen Grenzen!) unabhängig ist. Viviani erzählt, er habe dies 1583 an einem pendelnden Kronleuchter im Dom zu Pisa durch Zählen der Pulsschläge festgestellt. Im gleichen Jahre begann er auch sich der Mathematik zuzuwenden, die ihm bis dahin noch unbekannt geblieben war. Da man sie für eine recht nutzlose Wissenschaft anzusehen pflegte, erlaubte der

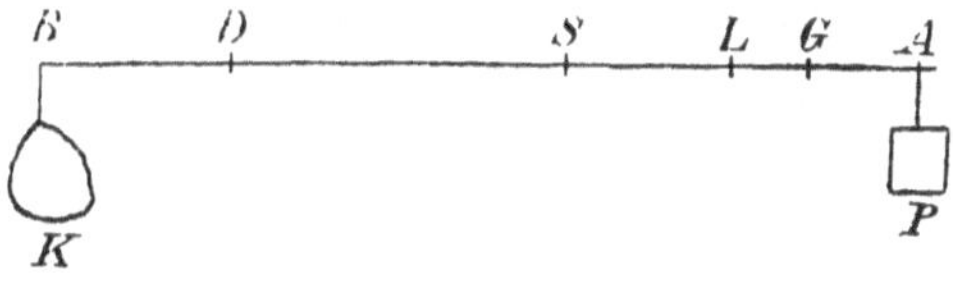

Fig. 8. Die Bilancetta des Galilei.

Vater nur ungern, daß sich der Sohn dieser Wissenschaft und der Physik widme. Zudem gingen ihm die Mittel aus. Ein Gesuch an den Großherzog Ferdinand von Medici um Gewährung eines Freiplatzes wurde abgeschlagen. Darum kehrte Galilei nach Hause zurück und setzte dort seine Studien fort. Er beschäftigte sich besonders mit Euklid und Archimedes. Die erste Frucht dieser Arbeiten war die „Bilancetta", eine hydrostatische Wage. Sie bestand (Figur 8) aus einem um *D* drehbaren zweiarmigen Hebel *AB*, in den man in *B* gleiche Gewichtsmengen *K*, Gold oder Silber, anhängen konnte. In diesem Falle mußte bei Gleichgewicht das Laufgewicht *P* sich in *A* befinden. Tauchte man aber *K* in Wasser, so mußte eine Verschiebung von *P* erfolgen, für Gold nach *G*, für Silber nach *S* und für eine gleichschwere Legierung der beiden Metalle nach einem Punkte L zwischen G und S. Das Verhältnis $AD : AL$ gibt dann das spezifische Gewicht der Legierung. Dies Instrument ist keineswegs sehr empfindlich oder besonders brauchbar, aber als eines der Erstlingswerke unseres Forschers von Interesse.

Schon wurde Galileis Name in Italien bekannt, namhafte Gelehrte verkehrten und korrespondierten mit ihm. Im Jahre 1589 wurde ihm der freigewordene Lehrstuhl für Mathematik an der Universität in Pisa mit dem Hungerlohn von 60 Scudi (260 Mark) übertragen. Wenn man bedenkt, daß der Mediziner an der gleichen Hochschule 2000 Scudi (8660 Mark) Gehalt bezog, war Galileis Bezahlung geradezu jämmerlich, ein Zeichen der geringen Wertschätzung der Mathematik. Fallversuche, die Galilei während seiner Pisaner Zeit angestellt zu haben scheint, hatten nicht den von Stevin verzeichneten Erfolg. Erst später gelangte er zu dem Ergebnis der gleichen Fallzeit für verschieden schwere Körper gemäß der folgenden Überlegung: Gleichschwere Körper fallen zweifellos gleichschnell; es kann daher auch nichts ausmachen, wenn sie zu einem doppelt so schweren Körper vereinigt sind.

Da Galilei bei der schlechten Besoldung nur kümmerlich leben konnte und sich auch nicht genügend beachtet fühlte, verließ er Pisa noch vor Ablauf der vertraglich festgelegten drei Jahre und kehrte nach Florenz zurück, wo sein Vater am 2. Juli 1591 gestorben war. Durch einen Gönner an den Senat von Venedig empfohlen, wurde Galilei im September 1592 zum Professor für Mathematik an der Universität der Republik zu Padua ernannt. Bis zum Jahre 1610 war er dort tätig. Schon seine Antrittsvorlesung am 7. Dezember 1592 sicherte ihm viele Freunde. Bei der gewaltigen Zahl seiner Zuhörer — oft bis zu 2000 — reichte bald kein Hörsaal mehr aus. Er las über die verschiedensten Gegenstände, besonders aber über den Almagest des Ptolemäus und die Mechanik des Aristoteles. Auf diesem von ihm schon in Pisa betretenen Gebiete erwarb er sich zuerst seine weiteren Verdienste. Die abstruse Anschauung der Peripatetiker, ein freifallender Körper falle deshalb immer rascher, weil die ihm folgende Luft ihn immer von neuem antreibe, leitete ihn zu dem Problem des freien Falls überhaupt.

Er geht von dem Gedanken aus, daß die Schwerkraft konstant auf den freifallenden Körper wirkt. Beginnt die

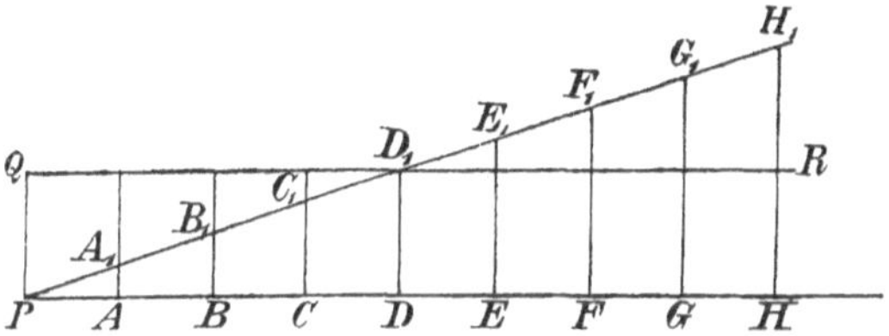

Fig. 9. Galilei, Fallbewegung I.

Fallbewegung, so hat der Körper nach einem bestimmten Zeitteil eine gewisse Geschwindigkeit, die vermöge der konstant wirkenden Schwerkraft nach dem zweiten Zeitteil den doppelten, nach dem dritten den dreifachen Betrag usw. erreicht hat. Die Geschwindigkeiten verhalten sich also wie die Zeiten, die seit dem Fallbeginn verflossen sind. Stellen (Figur 9) PA, AB, BC usw. die einzelnen Zeitteile vor, so mögen die Lote A_1A, B_1B, C_1C usw. die jeweiligen Geschwindigkeiten repräsentieren. Für die Zeiten $PD = t_1$ und $PG = t_2$ gibt dann der vorige Geschwindigkeitssatz die Proportion:

$$DD_1 : GG_1 = t_1 : t_2 = PD : PG.$$

Das ist aber bekanntlich die geometrische Bedingung dafür, daß die Punkte P, D, G und analog auch die anderen A, B, C, usw. auf einer Geraden liegen. Es sei nun D_1 der Mittelpunkt von PH_1 und QR eine Parallele zu PH durch diesen Punkt D_1. Die Lote bis zur Geraden QR sind alle gleich groß, und zwar gleich der Hälfte der Endgeschwindigkeit HH_1. Diese Lote geben somit die Geschwindigkeiten eines sich gleichförmig, mit der Hälfte der Endgeschwindigkeit HH_1 bewegenden Körpers. Offenbar ist die Summe aller dieser Geschwindigkeiten dieselbe wie die der Geschwindigkeiten des fallenden Körpers. Man kann daher, zur Ermittlung des Fallraums, der Fallbewegung eine gleichförmige substituieren, wenn man ihr eine Geschwindigkeit beilegt, die halb so groß ist als die am Ende der Fallzeit. Beim freien Fall müssen sich daher die Wege s und S wie die halben Produkte aus den Endgeschwindigkeiten v und V und den Fallzeiten t und T verhalten. Also

$$s : S = \tfrac{1}{2} vt : \tfrac{1}{2} VT$$

oder

$$s : S = vt : VT.$$

Da man $v : V$ durch $t : T$ ersetzen kann, gibt dies

$$s : S = t^2 : T^2.$$

Somit gelangt man zu dem wichtigen Gesetz: Die Fallräume sind den Quadraten der Fallzeiten proportional (1604).

Galilei nimmt dies Gesetz nicht sofort als richtig an, sondern sucht es zuerst experimentell zu prüfen und damit zugleich die Wahrheit der gemachten Annahmen zu bestätigen. Der von ihm eingeschlagene Weg ist allerdings keineswegs einfach und weicht gänzlich von dem heute im Unterrichte üblichen ab, da eben damals die experimentellen Hilfsmittel noch äußerst dürftig waren. Galilei erbrachte nämlich den Beweis für seine Gesetze mit der schiefen Ebene, wozu ihn eine geniale Betrachtung über das Pendel hinleitete. Wir versuchen, sie kurz zu skizzieren:

Ein Pendel *MA* (Figur 10), das man von *A* aus fallen läßt, erreicht nach dem Durchgange durch die Ruhelage *MB* einen Punkt *C*, der ebenso hoch über der Horizontalen $H_1 H_2$ liegt als der Punkt *A*. Zu derselben Höhe erhebt es sich auch, wenn der Pendelfaden beim Schwingen (nach links) an den Stift *B* anschlägt. Bei seiner Rückwärtsbewegung (nach rechts) erreicht es wieder den Punkt *A*, hat also auf dem Wege *DB* offenbar dieselbe Geschwindigkeit erlangt als auf dem Wege *CB*. Da man jeden Kreisbogen als aus unendlich kleinen geraden Stücken bestehend ansehen kann, gilt dieser Geschwindigkeitssatz für alle Kurven, wenn sie nur die Höhe CH_1 haben, also auch für die schiefe Ebene. Galilei folgert daher, daß die Endgeschwindigkeit dieselbe sein muß, sowohl wenn der Körper auf der schiefen Ebene, als auch wenn er durch ihre Höhe frei fällt. Substituieren wir diesen beiden Fallbewegungen zwei gleichförmige mit der Hälfte derjenigen Geschwindigkeit, wie sie die fallenden Körper am Ende haben, so müssen sich, wie bei jeder gleichförmigen Bewegung, die Zeiten für die Bewegung in der Ebenenhöhe und -länge wie die zurückgelegten Wege, d. h.

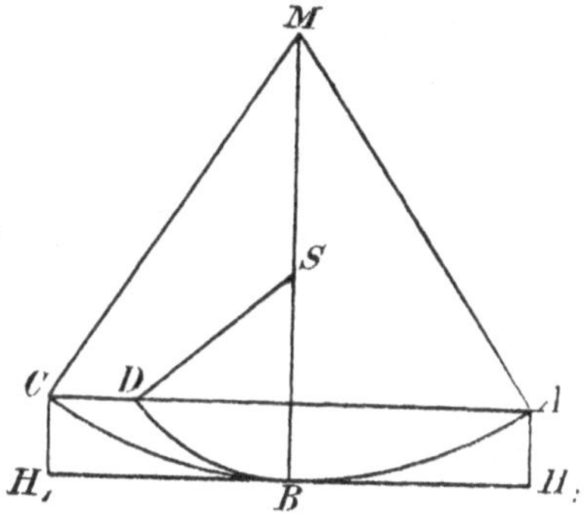

Fig. 10. Galilei. Fallbewegung II.

wie die Höhe zur Länge der schiefen Ebene verhalten. Durch die vorgenommene Substitution gilt dies auch für die wirklichen Fallbewegungen in der Höhe und Länge. Sie erzeugen dieselbe Endgeschwindigkeit in verschiedenen Zeiten offenbar durch Kräfte von verschieden großer Wirkung, die jenen Zeiten, also auch der Ebenenhöhe und -länge umgekehrt proportional sein müssen. Mit anderen Worten:

Die Beschleunigung, die ein Körper auf einer schiefen Ebene durch die Schwere erleidet, verhält sich zur Beschleunigung beim freien Fall, wie die Höhe der Ebene zu ihrer Länge.

Der Wert dieses Verhältnisses ist gewiß kleiner als 1, so daß die Beschleunigung durch Verwendung einer schiefen Ebene im Wert verringert wird, alle Gesetze für den freien Fall aber auch hier gelten. Man kann daher mit einer schiefen Ebene die Fallgesetze experimentell prüfen. Galilei gebrauchte hierzu ein geneigtes Brett von etwa 12 Ellen Länge und ½ Elle Breite, in dem der Länge nach eine fingerdicke, mit Pergament ausgeschlagene Rinne angebracht war. Darin ließ er Bronzekugeln rollen und bestimmte die Fallzeiten durch die Gewichtszunahme eines Gefäßes, in das Wasser in einem dünnen Strahle floß. Er erhielt wirklich die seiner Theorie entsprechenden Resultate.

Galileis Herleitung der Fallgesetze war unbedingt genial, aber auch äußerst umständlich, da sie das noch ungelöste Problem der schiefen Ebene in sich einschloß. Er gab die hinreichende, aber nicht die absolut notwendige Erklärung, was er auch selbst empfunden hat. Er schlug deshalb noch einen anderen, nicht viel einwandsfreieren Weg ein, wobei er dem Satz vom Kräfteparallelogramm nahekommt, ihn aber nicht in der heute üblichen allgemeinen Form ausspricht.

Er trat auch an die Behandlung des schiefen Wurfs

heran und erkannte (1609) die Wurfkurve als Parabelstück, das durch den Luftwiderstand mehr oder weniger deformiert ist. Zur Demonstration ließ er eine Kugel über eine schräg geneigte Tafel rollen, wodurch er wie früher die Beschleunigung künstlich verkleinerte.

Recht interessant ist es, wie Galilei zu den Pendelgesetzen gelangte. Er untersuchte, wie sich die Schwingungsdauer mit zunehmender Pendellänge vergrößert. Nun bewegt sich, wie oben bereits erwähnt, die Pendelkugel nach den Fallgesetzen, so daß also die Schwingungsbogen den Quadraten der Schwingungszeiten oder letztere den Quadratwurzeln aus den Bogen proportional sind. Gehören diese zu gleichen Amplituden, so verhalten sie sich wie die Pendellängen. Die Schwingungszeiten sind daher den Quadratwurzeln aus den Pendellängen direkt proportional. Dies gilt allgemein, auch wenn die Amplituden verschieden sind, da ja diese die Schwingungszeiten nicht beeinflussen. Die bekannte Formel für das mathematische Pendel konnte Galilei nicht geben, er hat sich bei diesem Problem nicht zu voller Klarheit durchringen können. Hier war Huygens, dem wir die von Galilei angestrebte Pendeluhr verdanken, mehr vom Glück begünstigt.

Bei den erwähnten Untersuchungen machte Galilei vom Beharrungsgesetz bewußte Anwendung. Als Trägheitsgesetz war es schon bekannt, indem es aussagte, daß ein ruhender Körper nicht von selbst in Bewegung geraten könne. Galilei verallgemeinerte es zum „Beharrungs"-gesetze: „Ein Körper kann nicht von selbst seinen Bewegungszustand ändern", also auch nicht von selbst aus einer Bewegung in Ruhe kommen oder auch nur seine Geschwindigkeit verändern.

Auch an die bekanntlich recht verwickelte Lehre vom Stoß trat Galilei heran, kam aber mangels genügender Vorarbeiten nur zu dem Ergebnis, daß die Größe der Stoßkraft von dem Gewicht und der Geschwindigkeit des stoßenden Körpers bedingt wird.

Bei seinen Untersuchungen über die Festigkeit der Körper geht er auf die Anschauung des Aristoteles zurück, nach der in einem Körper beim Zerbrechen leere Räume entstehen müssen, denen die Natur vermöge ihres „Abscheus vor einem leeren Raume" („horror vacui") entgegenarbeitet, wodurch sie die Festigkeit bedingt. Ähnlich gestalten sich nach Galilei auch die Verhältnisse bei einer Flüssigkeit, was ihm sogar gestattete, die Größe des „horror vacui" zu messen, und ihm die Erklärung dafür gab, daß man in einer Saugpumpe Wasser nur 18 Florentiner Ellen hoch emporsaugen konnte. Die Möglichkeit einer richtigen Deutung dieser Tatsache übersah Galilei, obgleich er ihr bei einer Ermittelung des Luftgewichts recht nahe kam. Er preßte Wasser in einen luftgefüllten Glasballon und ließ dann den Luftüberschuß entweichen. Ein Vergleich der eintretenden Gewichtsverminderung mit dem Gewicht des Wassers lieferte ihm die Luftdichte etwa im zweifachen Betrage des wirklichen Wertes, da sich allerlei Ungenauigkeiten eingeschlichen hatten.

Zweckmäßigkeitsgründe mögen es entschuldigen, wenn wir gleich hier noch andere Arbeiten von Galilei anfügen. Die Mechanik der Flüssigkeiten bereicherte er nicht allein durch den freilich ergänzungsbedürftigen Satz, daß ein Körper in einer Flüssigkeit größerer Dichte schwimmt, sondern auch durch den Nachweis, daß ein völlig gefülltes Gefäß sein Gewicht nicht ändert, wenn man in ihm einen Körper schwimmen und die dadurch verdrängte Flüssigkeit ablaufen läßt.

Aus der Akustik verdient die Beobachtung einer besonderen Art von Klangfiguren erwähnt zu werden. Beim

Schaben einer Messingplatte mit einem Meißel bemerkte er viele parallele Striche, deren Abstand um so kleiner ausfiel, je höher der durch das Schaben erzeugte Ton war.

Aus dem Jahre 1607 stammt ein Proportionalzirkel, der aus zwei linealförmigen Schenkeln besteht, die auf beiden Seiten mit Linien verschiedener Einteilung versehen sind. Mit ihm kann man alle elementaren Rechnungen ausführen, sowie Quadrat- und Kubikwurzeln ausziehen. Sodann gibt er an: die Sehnen für alle Grade bis 180, die Seitenlängen der einem Kreise einbeschriebenen regulären Vielecke, die Seiten ähnlicher Figuren mit dem 2, 3, 4...fachen Inhalte, die Seitenverhältnisse regulärer, einer Kugel einbeschriebenen Körper, die Durchmesser von Kugeln gleicher Schwere aus verschiedenen Metallen, Marmor, Alabaster usw. 1607 mußte sich Galilei für dieses Instrument dem Arzte Balthasar Capra in Mailand gegenüber sein Prioritätsrecht wahren.

Vivianis Behauptung, Galilei habe nach 1592 zu Padua das Thermometer erfunden, entspricht nicht den Tatsachen, da sein Luftthermoskop in dem schon früher erwähnten Apparat von Philon und Heron einen Vorläufer hat, der durch den Mediziner Santorio in geeigneter Weise zur Wärmemessung benutzt wurde. Was der Holländer C. Drebbel, dem man die ersten Versuche mit einem Unterseeboot (1624) zuschreibt, an dem Thermoskop geändert hat, rechtfertigt nicht, ihn den Erfinder des Thermometers zu nennen.

Den durch spätere Entdeckungen mit dem Fernrohr verschärften Kampf gegen die astronomischen Glaubenssätze der Peripatetiker eröffnete Galilei anläßlich eines eigenartigen Vorganges am gestirnten Himmel. Am 9. Oktober 1604 erschien nämlich im Sternbilde des Schlangenträgers ein neuer Stern, der 18 Monate sichtbar blieb. Galilei erkannte sein Wesen richtig zum größten Entsetzen der Aristoteliker, die an dem Lehrsatze ihres Meisters von der Unveränderlichkeit des Himmels festhielten. Gegen 1000 Zuhörer wohnten den drei Vorlesungen bei, in denen Galilei seine Waffe gegen die Peripatetiker schwang. Was er wenige Jahre später durch sein Fernrohr entdeckte, erregte aber noch weit größeres Aufsehen.

Das Fernrohr ist wohl die Erfindung eines zu Middelburg (Holland) ansässigen Brillenmachers, über dessen Namen die Forschung zu keinem sicheren Aufschluß gekommen ist. Vielleicht war es Zacharias Janssen, der angeblich im Jahre 1604 ein italienisches Fernrohr mit der Aufschrift 1590 nachgeahmt hat. Mehr Gründe sprechen für Franz Lippershey, der den niederländischen Generalstaaten am 2. Oktober 1608 ein Fernrohr aus einer Konvex- und einer Konkavlinse vorlegte, um ein Patent zu erlangen. Galilei erzählt, er habe 1609 von einem holländischen „Perspicillum" erfahren und dann selbst ein solches geschaffen (Mai 1609), ja es im Jahre 1610 sogar zu einem Mikroskop, auf das wir noch zurückkommen, umgestaltet.

Die Benennung des holländischen Fernrohrs nach Galilei rechtfertigt sich aus den Entdeckungen, die er mit dem neuen Instrumente machte. Es gelang ihm zunächst, die ursprünglich dreifache Vergrößerung zu verzehnfachen. Man brachte der Sache sofort ein ungeheures allgemeines Interesse entgegen. Am 23. August 1609 kletterte Galilei mit Senatoren und Edelleuten auf die höchsten Kirchtürme zu Venedig und zeigte ihnen mit seinem Instrumente Fahrzeuge am fernsten Horizonte, die auf den Hafen Venedigs mit vollen Segeln zufuhren und erst nach zwei Stunden mit bloßem Auge wahrgenommen werden konnten. Der venezianische Senat belohnte ihn für die Verbesserung des Fernrohrs durch Verleihung der Lehrstelle in Padua auf Lebenszeit.

Das eigentliche Hauptverdienst Galileis bestand darin, daß er sein Fernrohr auf astronomische Objekte richtete und folgenschwere Entdeckungen damit machte, die er schon nach zehn Monaten in seinem „Nuncius sidereus“ = „Sternenbote“ (1610) veröffentlichte. Er erkannte zunächst Berge und Täler auf der Mondoberfläche und sah auch auf der Nachtseite des Mondes leuchtende Punkte, die er richtig für Bergspitzen hielt, deren Maximalhöhe er sogar aus dem Abstand von der Lichtgrenze berechnete. Die Milchstraße löste sich in ein Heer von zahllosen kleinen Sternen auf. Zu den bekannten Sternhaufen fand er einige neue, z. B. in der „Krippe des Krebses“, ferner im Kopfe und Gürtel des „Orion“. Die Planeten erschienen als Scheibchen, die Fixsterne nur als helle Punkte. Bald sah er auch die Lichtphasen der Venus, die Coppernicus vermutet, aber niemals selbst beobachtet hatte. Am 30. Dezember 1610 schrieb er an Clavius in Rom, den angesehensten Mathematiker jener Zeit, diese Phasen der Venus seien ein Beweis für die Rotation des Planeten um die Sonne. Am 7. Januar 1610 sah er drei kleine Sternchen nahe bei dem Jupiter, am 13. sogar noch ein viertes. Sie veränderten ihre Stellung, und er erkannte sie als Monde, die den Planeten in verschiedenen Zeiten und verschiedenem Abstand umkreisen. Den Peripatetikern kam diese großartige Entdeckung äußerst ungelegen. Sie widersprach ihrer Anschauung, daß ein sich bewegender Körper nicht zugleich Mittelpunkt einer neuen Bewegung sein könne, und bildete damit zugleich einen deutlichen Beweis für das Weltsystem des Coppernicus. Das war allerdings äußerst fatal, am einfachsten war es, man disputierte die Jupitermonde weg. Der obenerwähnte Clavius meinte: „Ich lache über die angeblichen Jupiterbegleiter. Da muß man erst ein Fernrohr konstruieren, das diese zuerst selbst erzeugt (!) und dann natürlich zeigt!

Mag Galilei bei seiner Meinung bleiben, ich halte auch an meiner fest.“ Einige besonders gescheite Peripatetiker meinten, die Fernrohre zeigten Dinge, die gar nicht existierten! Galilei versprach dem Verfertiger eines so verschmitzten Instruments 10 000 Scudi. In einem Briefe an Kepler vom 19. August 1610 erzählt er: „Du hättest laut lachen müssen, wenn Du gehört hättest, was für Dinge der erste Philosoph der Fakultät in Pisa in Gegenwart des Großherzogs gegen mich aufführte, wie er sich bemühte, mit Gründen der Logik und mit magischen Beschwörungen die neuen Sterne vom Himmel wegzudisputieren und wegzureißen.“ Einige guckten überhaupt nicht einmal in das Fernrohr hinein. Warum denn auch? Es stand ja doch nichts von diesen Dingen bei Aristoteles. Hielt Galilei ihnen vor, daß es damals ja auch noch kein Fernrohr gegeben habe, so schwiegen sie unwillig. „Was ist da zu machen? Wollen wir es mit Demokrit oder Heraklit halten? Ich meine, lieber Kepler, wir lachen herzhaft über die bodenlose Dummheit des Volkes.“

Galilei beobachtete auch die seltsame Form des Saturn, er erkannte aber nie den Ring, meinte vielmehr wegen seiner unvollkommenen Gläser, der Saturn besitze auf beiden Seiten noch zwei kleine Sterne, „wie wenn zwei Diener den alten Herrn stützten“. Auf die Entdeckung der Sonnenflecken und die daran anknüpfenden Prioritätsstreitigkeiten können wir nicht weiter eingehen.

1610, das Jahr so weittragender Entdeckungen, bildet in Galileis Leben einen wichtigen Wendepunkt. Er verließ nämlich Padua, weil er sich durch seine Vorlesungen zu sehr von seinen wissenschaftlichen Arbeiten abgezogen fühlte. Diesen allein zu leben, sicherte ihm das Dekret vom 10. Juli 1610 zu, das ihn zum ersten Mathematiker und Philosophen der Universität in Pisa und „bei der Person des Großherzogs Cosimo II. von Toskana", eines jungen Fürsten, der jesuitischem Einfluß leicht zugänglich war, ernannte. Vorausschauende Freunde hatten Galilei mit vollem Recht gewarnt, aber zu seinem großen Schaden verschloß er sich ihnen. Venedig hatte im April 1606 die Gesellschaft Jesu ausgewiesen, so daß Galilei hier geschützt gewesen wäre.

Am 23. März 1611 reiste er nach Rom, um einflußreichen Prälaten und Gelehrten seine Entdeckungen zu zeigen und sie zu überzeugen. Bei dem Papst Paul V. erhielt er eine längere Audienz und wurde überall gefeiert. Wir wissen nicht, warum in einem Sitzungsprotokoll der heiligen Inquisitionskongregation vom 17. Mai 1611 plötzlich die Frage auftaucht, ob Galilei in dem Prozesse gegen den atheistischen Philosophen Cremonini genannt worden sei.

Mit dem ausgehenden Jahre 1613 beginnt der berühmte, in der Geschichte der Wissenschaften einzig dastehende Streit zwischen Galilei und den kirchlichen Gewalten. Der Pater Castelli richtete nämlich am 4. Dezember 1613 einen Brief an ihn, in welchem er von einem Gespräch an der großherzoglichen Tafel in Pisa erzählte, bei dem die Frage aufgeworfen worden sei, ob sich die Lehre des Coppernicus mit der Bibel vertrage. Er selbst habe die Frage bejaht, es interessiere ihn, Galileis Meinung zu hören. Am 21. Dezember antwortete dieser sehr ausführlich; die Hauptgedanken sind:

„Die Bibel selbst kann nicht irren, wohl aber einer ihrer Ausleger. Die Ausdrucksweise der Hl. Schrift sucht sich der Fassungskraft des Volkes anzupassen. Es sind daher bei vielen Stellen Auslegungen zulässig, die sich vom Wortlaut entfernen, die aber jedenfalls von Sachverständigen herrühren müssen. Man muß dabei wohl unterscheiden zwischen Wahrheit und Interpretation der Bibel. In Sachen des Heils muß man sich unbedingt der Hl. Schrift unterwerfen, aber in natürlichen Dingen muß sich die Schrifterklärung nach den sicheren Ergebnissen naturwissenschaftlicher Forschung richten."

Was man gewünscht hatte, war erreicht. Man konnte Galilei aus Mangel an Intelligenz nicht bei seiner Wissenschaft selbst fassen, jetzt hatte man ihn auf theologisches Gebiet gelockt, auf dem er sich natürlich nicht auskannte. Der Brief zirkulierte in Abschriften, von denen eine auch den Dominikanern zu Florenz — wo Galilei wohnte — in die Hände fiel und passend verwendet wurde. Der Pater Caccini hielt am vierten Sonntag vor Advent 1614 in der Kirche Santa Maria Novella zu Florenz eine Predigt über den Doppeltext Josua 10, 12—14 und Apostelgesch. 1, 11 und begann mit den Worten: „Ihr galile(ä)ischen Männer, was steht ihr da und schaut gen Himmel." Nach kräftigen Ausfällen gegen Galilei charakterisierte er die Mathematik als eine Lehre des Teufels und meinte, man solle ihre Anhänger als Urheber aller Ketzereien aus den Städten vertreiben. Pater Lorini reichte am 7. Februar 1615 bei dem Präfekten der römischen Indexkongregation eine Klage gegen Galilei ein, weil er eine der Bibel widersprechende Lehre eines gewissen „Ipernico" (!!!) vortrage. Galilei kam im Dezember 1615 persönlich nach Rom und befreite sich in Vorträgen von allen lügnerischen Anklagen. Die theologischen Konsultoren der Inquisition wurden am 19. Februar 1616 beauftragt, ihre Ansichten über die beiden Sätze zu äußern: 1. „Die Sonne ist der Mittelpunkt der Welt und darum unbeweglich." 2. „Die Erde ist nicht der Mittelpunkt der Welt und nicht unbeweglich, sondern sie dreht sich täglich um sich selbst." Am 23. Februar wurde das Gutachten veröffentlicht. „Zu 1: Alle erklärten den ersten Satz für töricht und absurd in der Philosophie und für formell häretisch, sofern er Sätzen, die in der Hl. Schrift an vielen Stellen vorkommen, nach dem Wortlaut und nach der allgemeinen Auslegung und Deutung der heiligen Väter und gelehrten Theologen ausdrücklich widerspreche. Zu 2: Alle erklärten, daß er in der Philosophie denselben Tadel verdiene; theologisch betrachtet enthalte er mindestens einen Glaubensirrtum." — Im Anschluß daran kam das Werk des Coppernicus mit verwandten Schriften am 5. März 1616 auf den Index.

Der Kardinal Bellarmin sollte Galilei von dem Urteil in Kenntnis setzen, ihn ermahnen, von seiner Anschauung abzugehen, ihm im Weigerungsfalle die Verteidigung der Lehre direkt verbieten und ihn einkerkern lassen, wenn er sich auch dann noch nicht füge. Wie sich Bellarmin des Auftrags entledigte, ist ganz unbekannt. Wir werden noch darauf zurückkommen.

Während der nächsten Zeit lebte Galilei sehr zurückgezogen in der Villa Segni bei Florenz. Im Jahre 1618 erschienen drei Kometen, über welche 1619 Orazio Grassi S. J., Professor der Mathematik am römischen Kollegium, einen Vortrag hielt und sie darin als wirkliche Himmelskörper bezeichnete. Galilei glaubte aber, sie seien eine durch die Atmosphäre bedingte Erscheinung, etwa wie Nebensonnen, und bewog seinen Freund und Schüler Mario Guiducci eine Gegenschrift zu veröffentlichen. Grassi beantwortete sie unter dem Namen Lotario Sarsi Sigensano in einer Schrift „Libra astronomica ac philosophica" noch im gleichen Jahre. Dieses Werk voll jesuitischer Tücke und Verschlagenheit verspottete Galilei in bissiger Weise und sollte ihn durch boshafte Ausfälle gegen die Lehre des Coppernicus wieder auf das gefährliche Gebiet locken. Galilei wurde durch seine Freunde veranlaßt zu entgegnen, was mit besonderer Vorsicht geschehen mußte, da hinter

Grassi die ganze Gesellschaft Jesu stand. Im Oktober 1623 erschien die Schrift, ein Meisterstück der Dialektik, unter dem Titel: „Il Saggiatore, nel quale con bilancia esquisita e giusta si ponderano le cose contenute nella Libra astronomica e filosofica di Lotario Sarsi Sigensano“ (etwa: „Die Goldwage“). Äußerst geschickt verstand es Galilei, in dieser Schrift sämtlichen Fallen, die ihm Grassi gestellt hatte, auszuweichen. Er verteidigte zwar die Lehre des Coppernicus, ließ sie aber, wozu er sich als guter Katholik für verpflichtet bezeichnete, nur als Hypothese gelten.

Nach dem Tode des Papstes Paul V. bestieg Gregor XV. den Stuhl Petri, starb aber schon am 8. Juli 1623. Ihm folgte am 6. August 1623 der Kardinal Maffeo Barberini als Urban VIII., der Galilei hoch verehrte, ja ihn in einem lateinischen Gedichte gefeiert hatte. Galilei hoffte, jetzt die Aufhebung des Beschlusses von 1616 durchsetzen zu können, und reiste zu diesem Zwecke im April 1624 nach Rom, wo man ihn sehr wohlwollend aufnahm, ohne daß es ihm gelang, sein Ziel zu erreichen. Er glaubte aber, nun endlich einen längst gehegten Plan ausführen zu sollen, nämlich die Lehre des Coppernicus in allgemeinverständlicher Dialogform darzustellen und so indirekt für sie tätig zu sein. Anfangs Mai 1630 ging er nach Rom, um das Werk der Zensur zu unterbreiten und zu ändern, was gewünscht werde, so daß es 1632 erscheinen konnte. Der Titel lautet (etwas gekürzt): „Dialogo di Galileo Galilei, dove nei congressi di quattro giornate si discorre sopra i due Massimi Sistemi del Mondo, Tolemaico e Copernicano, proponendo indeterminamente le ragioni filosofiche e naturali tanto per l'una quanto per l'altra parte.“

An den vier Tagen des Werks unterhalten sich drei Personen über die beiden Weltsysteme. Zwei sind nach verstorbenen Freunden genannt: Giovan Francesco Sagredo und

Filippo Salviati, der dritte nach dem bekannten Aristoteleskommentator: Simplicio. Der oft gedruckten unsinnigen Behauptung, Galilei habe mit diesem letzten Namen den im Dialog die aristotelische Weltanschauung verfechtenden Gelehrten als Einfaltspinsel kennzeichnen wollen, ist entgegenzuhalten, daß Simplicio keineswegs töricht, sondern völlig im Sinne seiner Rolle als Vertreter der alten Lehren spricht. Sagredo erscheint als Laie, der Belehrung sucht, Salviati als Verteidiger der Lehre des Coppernicus. Der hypothetische Charakter der Schrift ist trefflich gewahrt. Salviati spricht sehr glänzend und überzeugend und vernichtet die Einwürfe des Simplicio, der aber schließlich doch scheinbar siegt. Allerdings hält der Leser den Salviati für den eigentlichen Sieger.

Galilei erhielt für das hochbedeutende Werk zahlreiche Dankesschreiben, was die Jesuiten Grassi und Scheiner zu besonderer Wut reizte. Es gelang ihnen, den Papst zu überzeugen, mit der Figur des Simplicio sei er gemeint und so vor aller Welt an den Pranger gestellt. Und siehe, nun „fand" sich auch in den Prozeßakten von 1616 ein Schriftstück, nach dem es Galilei direkt verboten worden sei, über des Coppernicus Lehre überhaupt nur zu schreiben. Galilei bestritt dieses Verbot, sein Werk hatte ja unbehindert die Zensur passieren können. Das Protokoll war aber einmal da, man konnte also das Inquisitionsverfahren eröffnen.

Die Meinungen über die Echtheit dieses Schriftstücks sind sehr geteilt. Meistens hält man es für direkt gefälscht, d. h. nachträglich für das Inquisitionsverfahren angefertigt. Da es das einzige Dokument ist, das sich auf die Verwarnung durch Bellarmin bezieht, ist es schwer zu entscheiden. Mag es echt oder gefälscht sein, begründete Zweifel sind jedenfalls da, die auch auf sonstige Unsauberkeiten in diesem Prozeß schließen lassen.

Am 1. Oktober 1632 befahl man Galilei, sich in Rom vor dem Gericht des heiligen Offiziums einzufinden. Seine Lebenskraft war damals schon sehr geschwächt, er war sehr bettlägerig. Trotzdem erlaubte man ihm nicht, sich schriftlich zu verteidigen. Am 13. Februar 1633 kam er nach schweren Mühsalen in Rom an, am 12. April wurde er erstmalig von dem Generalkommissär des h. Offiziums verhört. Vom 12. bis 30. April und vom 21. bis 24. Juni war er im Inquisitionsgebäude in Haft. Der Tatbestand der Häresie wurde als erwiesen angesehen. Am Vormittag des 22. Juni 1633 wurde das Urteil in dem großen Saale des Dominikanerklosters Santa Maria sopra Minerva verkündigt. Nach Erledigung des Tatbestandes heißt es: „Wir verurteilen dich zu förmlicher Kerkerhaft in diesem h. Offizium für eine nach unserem Ermessen zu bestimmende Zeit, und legen dir als heilsame Buße auf, durch drei Jahre einmal in der Woche die sieben Bußpsalmen zu beten usw." Unmittelbar darauf mußte dann Galilei kniend seine Abschwörungsformel vorlesen: „Ich, Galileo Galilei, ... schwöre ab, verfluche und verwünsche aufrichtigen Herzens und in ungeheucheltem Glauben meine Irrtümer und Ketzereien...."

Hätte Galilei wirklich, wie eine seit 1774 umlaufende Fabel erzählt, im Aufstehen die trotzigen Worte: „E pur si muove!" („Und sie bewegt sich doch!") gesprochen, so wäre ihm das Schicksal des Giordano Bruno sicher gewesen. Eine Kritik des Verfahrens ist an dieser Stelle überflüssig, die Ansichten werden immer auseinandergehen. Welche Sorte physikalischer Forschung den Galileigegnern angenehmer dünkte, mögen zwei Sätze aus einer im gleichen Jahre (1633) von Chiaramonti verfaßten Schrift zeigen: „Die Geschöpfe, welche sich bewegen, haben Gliedmaßen und Muskeln; die Erde hat keine Gliedmaßen und Muskeln, also bewegt sie sich nicht." ... „Saturn, Jupiter, die Sonne usw. werden durch Engel im Umlauf gesetzt. Würde die Erde kreisen, so müßte sie also in ihrem Mittelpunkte einen Engel haben. Dort sind aber nur Teufel; es müßte also ein Teufel der Erde ihre Bewegung verleihen."

Nach der Verurteilung wandelte der Papst die Gefängnisstrafe in Verbannung um. Galilei hatte dadurch verschiedene Aufenthaltsorte, seit dem Dezember 1633 in einer Villa zu Arcetri, eine Meile von Florenz. Im Januar 1637 stellte sich ein Augenleiden ein, so daß er sich schon im Juni fremder Hilfe beim Lesen und Schreiben bedienen mußte. Im Juli erblindete das rechte Auge, im Dezember erlosch das Augenlicht völlig: sein Blick, dem es vergönnt war, die herrlichen Wunder der Natur zuerst zu schauen, war für immer umnachtet. Der 73 jährige Greis glich mehr einem Leichnam als einem lebenden Menschen. Nun endlich gestattete man ihm am 9. Mai 1638 die Rückkehr nach Florenz. Er erhielt jedoch den Befehl, „bei Strafe lebenslänglicher wirklicher Einkerkerung und Exkommunikation nicht in die Stadt auszugehen und mit keinem Menschen, wer es auch sei, über die verdammte Lehre von der doppelten Erdbewegung zu reden". 1638 erschien bei den Elzeviren zu Leiden das mechanische Hauptwerk Galileis, in dem er seine früheren, schon von uns behandelten Studien niederlegte. Der Titel lautet: „Discorsi e dimostrazioni matematiche intorno a due nuove scienze attenenti alla meccanica ed ai movimenti locali: Altrimenti dialoghi delle nuove scienze." Ende 1638 kehrte er, anscheinend auf päpstlichen Befehl, nach der Villa bei Arcetri zurück. Ein heftiger Gichtanfall warf ihn am 5. November 1641 auf das Krankenlager, von dem er sich nicht mehr erheben sollte. Seine beiden getreuen Schüler Viviani und Torricelli pflegten ihn unermüdlich. Diese beiden, der Ortspfarrer und zwei Vertreter der Heiligen

Inquisition umstanden mit zwei Verwandten das Sterbelager, auf dem Galilei nach Empfang der Sterbesakramente, versehen mit dem Segen Urbans VIII., am 8. Januar 1642 friedlich verschied....

Welche Bedeutung Galilei für die Entwicklung unserer Wissenschaft hat und warum wir ihn als Begründer der neueren, ja der Physik überhaupt bezeichnen, wird erst deutlich erkannt werden können, wenn wir die Arbeiten in der Folgezeit mit dem vergleichen, was früher erreicht wurde. Wir wollen jedoch schon hier die Hinweise auf seine eigentliche Bedeutung vorwegnehmen.

Galilei gab der Physik vor allen Dingen die Experimentalmethode, die konsequent und zielbewußt darauf hinarbeitet, Gesetze aufzusuchen, aus denen man wieder eine Reihe von Einzelfällen erschließen kann. Man hatte, wie wir gesehen haben, wohl auch schon vor ihm experimentiert, aber nur gelegentlich und meist vom Zufall geleitet. Die früher vorwiegende reine Spekulation mußte die Naturforschung auf Abwege leiten. Galilei verknüpfte richtig spekulierende und experimentierende Tätigkeit, wie wir das besonders bei seinen mechanischen Arbeiten gesehen haben. So konnte er an manche Probleme herantreten und die befriedigende Lösung geben, wo sich seine Vorgänger vergeblich bemüht hatten. Man hatte zuviel Wert darauf gelegt, die letzten transzendentalen Ursachen der ganzen Erscheinungswelt zu ergründen, ein Vorhaben, das dem Menschen ewig unmöglich sein muß. Galilei wies jede solche Forschung aus der Physik hinaus, indem er die Tätigkeit des Naturforschers darauf beschränkte, die einzelnen Phänomene auf möglichst einfache, zusammenfassende Gesetze zurückzuführen und nach den letzten Ursachen nicht zu fragen.

Galileis Methode mußte ihn in den schärfsten Widerspruch mit den Lehren der Peripatetiker bringen, gegen die er mit beweiskräftigen Experimenten auftreten konnte. Um diese zu entkräften, mußten die Gegner selbst Versuche anstellen, so daß schließlich galileischer Geist auch in die Kreise eindrang, die sich ihm am hartnäckigsten verschließen wollten.

Galileis astronomische Arbeiten verhalfen auch der ursprünglich so mißachteten Lehre des Coppernicus zum Siege. Der forschende Blick wurde von der Erde in den unermeßlichen Weltenraum hinausgelenkt, man suchte und fand die kosmischen Gesetze, so daß sich in der folgenden Zeit eine besondere Physik des Universums entwickeln konnte, die den Menschengeist herrliche Triumphe feiern ließ.

Galileis Zeitgenossen.

Dem großen Italiener kann Deutschland nur einen annähernd ebenbürtigen Zeitgenossen an die Seite stellen, der Galileis Werk in geeigneter Weise zu ergänzen vermochte und der Lehre des Coppernicus die noch fehlenden mathematischen Gesetze geben konnte: es ist Johannes Kepler. Schon mit 25 Jahren veröffentlichte er eine Schrift über das neue Weltsystem, die auf zahlenmäßige Beziehungen in den Planetenbahnen hinwies. Der Titel dieses phantastischen Werks lautet (gekürzt): „Prodromus dissertationum cosmographicarum, continens mysterium cosmographicum". Kepler verknüpft darin die fünf regulären Körper der Pythagoreer in eigentümlicher Weise mit den fünf Zwischenräumen zwischen den sechs Planeten des Coppernicus. Die Frage nach dem Grunde, der Gott gerade zu diesem Weltsystem veranlaßt habe, beantwortet er dahin, „daß Gott der Herr nicht mehr als fünf reguläre Körper vorfand. Sobald Gott das Chaos geschaffen hatte, waren schon nicht mehr als fünf reguläre Körper möglich". Kepler meint, die den Kreisbahnen der Planeten entsprechenden Kugeln stehen mit jenen Körpern in folgender Beziehung:

„Die Erdbahn liefert den Kreis, der das Maß aller übrigen bildet; um denselben beschreibe ein Dodekaeder: der dieses umschließende Kreis ist der Mars; begrenze die Marssphäre mit einem Tetraeder, so ist der diesem umbeschriebene Kreis derjenige des Jupiter. Umschließe dessen Sphäre mit einem Würfel, so gehört der diesem umbeschriebene Kreis dem Saturn. Schließe in die Erdsphäre ein Ikosaeder ein, so gehört der diesem einbeschriebene Kreis der Venus. Schließe diesem ein Oktaeder ein, so gehört der Kreis in ihm dem Merkur. So erhältst du den Grund für die Anzahl der Planeten.“ Die Werte, die man aus dieser Ineinanderschachtelung der Körper für die Bahnen erhält, stimmen nur äußerst dürftig mit den wahren Verhältnissen überein.

Kepler schickte Exemplare der Schrift an alle bekannten Astronomen, z. B. auch an Tycho und Galilei. Jener lud ihn darauf zu sich nach Prag zur Beteiligung an seinen Beobachtungen ein; dieser freute sich, in Kepler „einen Genossen im Suchen der Wahrheit“ gefunden zu haben, und schloß sich ihm zu herzlichem Freundschaftsbunde an.

Im Januar 1600 reiste Kepler zu Tycho und war dann seit Oktober bei ihm beschäftigt. Die nach Tychos Tode ihm schließlich überlassenen Manuskripte dieses trefflichen Beobachters lieferten ihm das Material zu seinem nächsten astronomischen Hauptwerk (schon 1604 vollendet, aber erst 1609 gedruckt), das den Titel führt: „Astronomia nova seu physica coelestis etc.“. Es läßt erkennen, wie Kepler zu zwei seiner berühmten Planetengesetze kam. Er hatte vergeblich versucht, die Beobachtungen Tychos am Mars den von Coppernicus geforderten Kreisbahnen anzupassen. Gerade dieser Planet hatte in allen kosmischen Systemen große

Schwierigkeiten bereitet. Kepler rechnete nun zunächst die geozentrischen Koordinaten in heliozentrische um. Durch Aufzeichnen und Verbinden vieler Marsörter ergab sich ein Oval als Planetenbahn, das sich später als eine Ellipse herausstellte, in deren einem Brennpunkte sich die Sonne befand. Kepler konnte nun zeigen, daß dies Resultat nicht nur für den Mars allein, sondern auch für die anderen Planeten Geltung habe. Schon etwas früher hatte er auf spekulativem Wege das bekannte Fahrstrahlengesetz erreicht. Er folgerte es aus der Tatsache, daß sich der Mars im Perihel am schnellsten. im Aphel am langsamsten bewegte.

Mit solchen schönen Erfolgen noch nicht zufrieden. suchte Kepler noch nach einem allgemeineren Gesetze, in dem er alle Planetenbewegungen einschließen wollte. Bald drängten sich ihm Gedanken wie in seinem „Prodromus“ auf, bald glaubte er zwischen den Aphel- und Periheldistanzen Zahlenverhältnisse gefunden zu haben, die mit den musikalischen Intervallen übereinstimmten. Am 8. März 1618 versuchte er einmal, die verschiedenen Potenzen der mittleren Bahnachsen und der Umlaufzeiten zu vergleichen. Vergeblich! Am 15. Mai entschloß er sich, die weitläufigen Rechnungen noch einmal aufzunehmen. Es gelang ihm, einen ärgerlichen Rechenfehler zu beseitigen: mit einem Schlage trat die gesuchte Beziehung klar vor Augen: die Quadrate der Umlaufszeiten zweier Planeten lieferten dasselbe Verhältnis wie die Kuben der (großen) Bahnachsen.

Diese wichtigen Untersuchungen hat Kepler in seinem zweiten astronomischen Hauptwerk (1619) niedergelegt, das den Titel führt: „Harmonices mundi libri quinque“. Wie in den meisten seiner Schriften, dokumentiert sich auch hier der tief religiöse Geist Keplers. Wir lassen (etwas gekürzt) die Schlußworte folgen: „Ich danke dir, Schöpfer und Herr, daß du mir diese Freuden an deiner Schöpfung geschenkt hast. Ich habe deine herrlichen Werke den Menschen kundgetan, soweit mein endlicher Geist deine Unendlichkeit erfassen konnte. Vergib mir in Gnaden, wenn ich dabei meine eigene Ehre gesucht haben sollte. Daß meine Darlegungen das Heil der Seelen und deinen Ruhm fördern mögen, das gib, o Herr!"

Galilei hatte der Lehre des Coppernicus die physikalischen Beweise gegeben, Kepler hatte sie in präzise mathematische Gesetze eingekleidet. Jetzt erst konnte sie allgemein ihren Siegeszug antreten, nachdem auch noch Kepler (1627) seinen „Rudolfinischen Tafeln" — benannt nach Kaiser Rudolf II., der diese Arbeit unterstützt hatte — erstmalig die neuen Gesetze der Planetenbewegung zugrunde gelegt hatte.

Durch die Annahme von Planetenseelen wollte Kepler die Bewegung der Planeten um die Sonne erklären. Bereits im Jahre 1596 mußte er sich zu der Folgerung verstehen, daß die Kraft dieser Seelen geringer sei, wenn sich der Planet in der Sonnenferne befinde. Während der folgenden 25 Jahre rang er sich zu dem Glauben an eine gegenseitige Anziehung als Ursache der Schwere und der Himmelsbewegungen durch, konnte aber den letzten Schritt zum eigentlichen Wirkungsgesetz, dem er sich sehr genähert hatte, wegen der Unzulänglichkeit der damaligen mathematischen Hilfsmittel nicht machen.

Zwei bedeutende Schriften von 1604 und 1611 bringen allerlei zur Optik bei. Die erste enthält den wichtigen Satz, daß bei einem divergierenden Lichtbündel die Beleuchtungsstärke umgekehrt proportional zur Größe der von dem ganzen Bündel bestrahlten Fläche und damit auch zum Quadrat des Abstands von der Lichtquelle ist. Keplers Brechungsgesetz entsprach nicht ganz den Tatsachen, half ihm aber doch zur Auffindung wichtiger Sätze über Linsen, womit er z. B. die erste richtige und vollständige Theorie der Brille aufstellen konnte. In der optischen Schrift von 1611 findet er die Brennweite einer plankonvexen Linse gleich dem Krümmungsdurchmesser, diejenige einer symmetrisch-bikonvexen Linse aber gleich dem Krümmungsradius. Für einen Brechungsexponenten des Glases $n = 1{,}5$ trifft dies auch wirklich zu. Interessant ist die Betrachtung, welche Kepler zur Entdeckung der totalen Reflexion leitete: Wächst der Einfallswinkel von 0^0 bis 90^0, so nimmt der Brechungswinkel beim Übergang von Luft nach Glas von 0^0 bis 42^0 zu. Trifft also ein Lichtstrahl aus dem Glase heraus die Trennungsebene so, daß er mit dem Einfallslote einen Winkel bildet, der größer als 42^0 ist, so kann er nicht in die Luft übertreten, sondern wird total reflektiert.

In der gleichen Schrift beschreibt Kepler das meist nach ihm benannte astronomische Fernrohr und gibt an, daß es durch Hinzufügen einer dritten bildaufrichtenden Sammellinse zum terrestrischen Fernrohr wird. Die Konstruktion beider Instrumente hat Kepler anderen Gelehrten überlassen. Weit vollkommener als das von Galilei (1610) aus Konkav- und Konvexlinse geschaffene Mikroskop ist das aus dem astronomischen Fernrohr hervorgehende mit zwei Sammellinsen ausgestattete Instrument, das Fr. Fontana angeblich schon im Jahre 1618 erfunden hat.

Das astronomische Fernrohr, wie es Kepler theoretisch ersonnen hatte, baute zuerst der Galileigegner Christoph Scheiner im Jahre 1613. Unter dem Namen „Helioskop" benutzte er es zur objektiven Demonstration der Sonnenflecken. Er zog nämlich das Okular so weit heraus, daß es von dem durch das Objektiv erzeugten Sonnenbildchen ein großes reelles Bild lieferte, an dem sich die Flecken deutlich erkennen ließen.

Auch die physiologische Optik verdankt Scheiner manche schätzenswerte Bereicherung. Es gelang ihm z. B., das von Kepler vermutete umgekehrte Bild eines geschauten Gegenstandes auf der Netzhaut dadurch zu demonstrieren, daß er an Ochsen- und Kalbsaugen (vielleicht auch an Menschenaugen 1625?) die undurchsichtigen Häute auf der Rückseite wegschnitt.

Er fand auch, daß die Pupille sich verengert, wenn man nähere Objekte betrachtet. Seine Erklärung der Akkommodation ist aber nicht einwandfrei. Um zeigen zu können, daß durch die Akkommodation des Auges Strahlen, welche von einem Punkte ausgegangen sind, auf der Netzhaut vereinigt werden, während bei fehlerhafter Akkommodation das Bild vor oder hinter der Netzhaut entsteht, gibt Scheiner folgenden leicht ausführbaren Versuch: Man hält vor ein Auge ein Kartenblatt, das zwei feine Öffnungen besitzt, deren Abstand kleiner als 1 mm ist, und schaut gegen ein helles Fenster. Hält man nun zwischen Karte und Fenster eine feine Nadel senkrecht, so sieht man sie zunächst doppelt (weil die ins Auge eintretenden Strahlenbündel sich erst hinter der Netzhaut schneiden). Rückt man die Nadel weiter vom Auge weg, so nähern sich ihre beiden Bilder und fallen in eines zusammen, wenn sich die Nadel in derjenigen Entfernung vom Auge befindet, in welcher das Auge deutlich zu sehen beginnt.

Um zeigen zu können, daß sich Lichtstrahlen beim Durchgang durch eine feine Öffnung kreuzen, ohne sich gegenseitig zu beeinflussen, betrachtete Scheiner (wie schon Leonardo da Vinci) eine Kerzenflamme durch ein kleines Loch in einer Karte und schob dann zwischen Auge und Öffnung eine Messerklinge in die Höhe. Die Kerze verschwand dann zuerst mit der Spitze.

Wie unklar die optischen Vorstellungen jener Zeit teilweise noch waren, zeigt sich deutlich bei einem Ordensbruder Scheiners, Marcus Antonius de Dominis, gestorben 1624 in den Kerkern der Inquisition. Er hält (1611) noch an der aristotelischen Farbenlehre fest, die annimmt, farbiges Licht bestehe aus Weiß und Dunkelheit. Viel Weiß und wenig Dunkelheit gibt die hellste Farbe, das Rot; wenig weißes Licht und viel Dunkelheit die dunkelste Farbe, das Violett. Daraus erklärt er, daß beim Durchgang von Licht durch ein Prisma derjenige Lichtstrahl rot wird, der durch wenig Glas (näher an der Kante) geht, während derjenige violett wird, der viel Glas (am dickeren Teil) passieren muß. Der Regenbogen entsteht durch zweimalige Refraktion und einmalige Reflexion in Wassertropfen. Der Strahl, der zu unterst austritt, hat den kleinsten Weg im Tropfen, ist also rot usw. Das war wohl eine Erklärung, aber eine ganz unphysikalische, die sich darum auch leicht entkräften ließ.

Unsere Lehrbücher der Physik geben fast ausschließlich an, die landläufige Theorie des Regenbogens stamme von René Descartes (Cartesius), was aber nicht richtig ist, wie aus unseren früheren Darlegungen hervorgeht. Bei aller Achtung vor den sonstigen Verdiensten dieses genialen Mathematikers und Philosophen muß man die Physik als eine seiner schwachen Seiten ansehen. Er versucht, alle Erscheinungen auf drei Grundgesetze zurückzuführen. Das erste sagt aus, daß ein Körper in dem Zustand zu beharren sucht, den er gerade hat. Das zweite gibt als Bahn eines Körpers, auf den keine fremden Kräfte einwirken, die gerade Linie an. Das dritte bezieht sich auf den Stoß der Körper, ist aber teilweise falsch, ebenso die sieben daraus hergeleiteten Stoßgesetze. Recht unbefriedigend ist die Wirbeltheorie von Descartes, die drei Materien annimmt, deren kleinste Teilchen sich andauernd bewegen. Das Unterfangen, aus ihr alle Erscheinungen zu deuten, muß wegen der stets von neuem nötigen Sonderannahmen als völlig gescheitert angesehen werden. Aus dem wenigen Neuen, das Descartes hierbei gegeben hat, verdient die Darstellung der magnetischen Kraftlinien durch Eisenfeile Erwähnung, sowie seine Entdeckung der magnetischen Schirmwirkung.

Die wissenschaftliche Selbständigkeit von Descartes

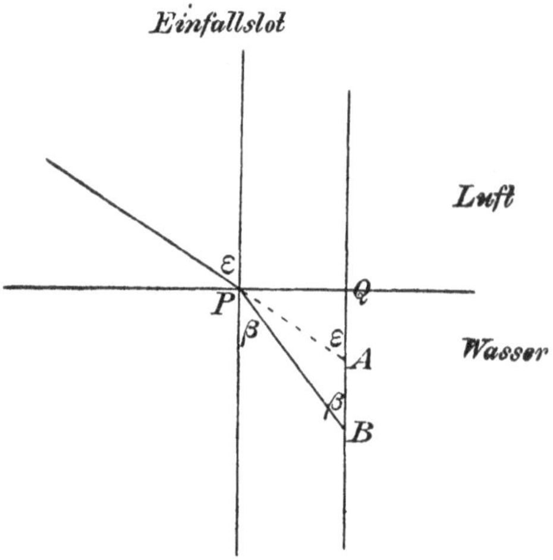

Fig. 11. Lichtbrechungsgesetz von Snellius.

ist bei den physikalischen Arbeiten durch sein Unterlassen von Quellenangaben nicht immer feststellbar. Bei dem Brechungsgesetz erwuchs ihm daraus der Vorwurf des Plagiats an Willebrord Snell van Royen. Dieser fand nämlich, daß die Stücke des einfallenden und gebrochenen Strahles — gerechnet vom Einfallspunkt bis zu einer beliebigen in der gleichen Ebene verlaufenden Parallelen zum

Einfallslot — stets in demselben nur von den Stoffen abhängigen Verhältnis n stehen. Nach Snell ist also (Fig. 11) $PB : PA = n$. Da $PB = PQ : \sin \beta$ und $PA = PQ : \sin \varepsilon$ ist, wird $\sin \varepsilon : \sin \beta = n$. In dieser Form besaß Descartes das Brechungsgesetz schon im Jahre 1632. Obgleich man noch nicht weiß, wie er es gefunden hat, ist man heute leichter als früher geneigt, ihn von dem Verdachte des Plagiats an Snell freizusprechen.

Seine Untersuchungen über den Regenbogen stellte Descartes mit einer dünnwandigen Glaskugel voll Wasser an, die er an einer Schnur auf und ab bewegen konnte, wodurch im Sonnenlicht die einzelnen Regenbogenfarben entstanden. Er maß dann die Winkel zwischen dem einfallenden und dem ins Auge gelangenden Sonnenstrahl. Seine Resultate bieten im Vergleich zu früheren Arbeiten wenig Neues. Er stellte erstmalig mathematische Untersuchungen über den Radius von Haupt- und Nebenbogen an, die jedoch insofern ungenau sind, als sie sich auf einen weißen Bogen beziehen. Die Entstehung der Regenbogenfarben erklärte er aus verschieden schneller Rotation der unelastischen Teilchen seiner hypothetischen Lichtmaterie, die Haloerscheinungen an Sonne und Mond durch Reflexion und Refraktion des Lichtes an Eisnadeln in hohen Schichten unserer Atmosphäre.

Ein bekannter physikalischer Apparat, mit dem sich die Gesetze der Druckfortpflanzung in Flüssigkeiten usw. gut demonstrieren lassen, der sog. cartesianische Taucher, stammt von dem Galileischüler Raffaelo Magiotti (1648), möglicherweise sogar schon von Ktesibios.

Galileis Schüler.

Die Vorlesungen des großen Italieners hatten zahlreiche Gelehrte aus allen Ländern herbeigezogen und ihnen eine Fülle wissenschaftlicher Kenntnisse fertig dargeboten oder Probleme angeregt, die noch der Lösung harrten. Wir finden daher die Physiker, die aus Galileis Schule hervorgegangen sind, vor allem mit der Ausgestaltung Galileischer Ideen beschäftigt. Wir erwähnen zuerst Castelli, den innige Freundschaftsbande an den großen Meister knüpften — des bekannten Briefes wurde schon auf Seite 65 gedacht —. In seinen 1628 publizierten hydrodynamischen Arbeiten gibt er den wichtigen Satz an, daß sich bei einer stationären Strömung die Geschwindigkeiten umgekehrt wie die Querschnitte verhalten. Seiner falschen Behauptung, die Ausflußgeschwindigkeit einer Flüssigkeit aus einem Gefäße sei der Druckhöhe proportional, widersprach Evangelista Torricelli, der seit 1628 sein Schüler war, indem er (1644) den Nachweis lieferte, daß die Gesetze für den Ausfluß der Flüssigkeiten dieselben sind wie für freien Fall oder Wurf. Die Ausflußgeschwindigkeit mußte daher der Quadratwurzel aus der Niveauhöhe proportional sein. Die Gestalt eines Wasserstrahls wurde als Parabel erkannt, die allerdings wie die Wurfkurve durch den Widerstand der Luft stark deformiert ist. Torricelli erklärte daraus die bekannte Erscheinung, daß ein Springbrunnen nicht die Höhe des Wasserspiegels im Behälter erreichen kann.

Seit Oktober 1641 war Torricelli durch die Empfehlung Castellis bei Galilei und pflegte diesen während seiner letzten Monate gemeinsam mit Vincenzio Viviani, einem anderen Schüler des großen Meisters. Nach Galileis Tod wurde Torricelli sein Nachfolger im Amt, das er im Geiste des Verstorbenen trefflich weiterführte. Die schon einmal angeschnittene Frage, warum man mit einer Saugpumpe Wasser nur 18 Ellen hoch heben kann, griff Torricelli nochmals auf. Zur Prüfung schien ihm Quecksilber geeigneter zu sein als das fast 14 mal so leichte Wasser. Viviani faßte den Gedanken auf und führte ihn ohne Torricelli aus. Er füllte eine zwei Ellen lange Glasröhre mit diesem Metall, schloß das freie Ende mit dem Finger und gab es erst unter Quecksilber wieder frei. Die Flüssigkeit im Rohre sank dann bis zu einer Höhe von 28 Zoll herab. Viviani teilte diesen Versuch Torricelli mit, nach dem wir ihn auch zu nennen pflegen, da der leitende Gedanke von ihm stammt (1643). Bei mehrmaliger Wiederholung und längerer Beobachtung ergab sich eine Veränderlichkeit in der Höhe der Quecksilbersäule. Die Annahme eines Abscheus der Natur vor einem leeren Raume konnte nicht zur Erklärung herangezogen werden, da es undenkbar erschien, daß ein solcher Abscheu bald größer, bald kleiner sein, ja überhaupt eine Grenze haben solle. Torricelli schrieb deshalb die Erscheinung einem Drucke der Luft zu. Er erkannte auch, daß nicht die Länge der Quecksilbersäule, sondern der senkrechte Abstand der beiden Quecksilberspiegel die Größe des Luftdrucks zu messen erlaubt. Neigte er nämlich das Glasrohr, so blieb die Quecksilberkuppe im Rohr in der gleichen Horizontalen, während die Flüssigkeitssäule doch länger wurde. Torricellis früher Tod hinderte ihn, noch augenfälligere Beweise für den Luftdruck zu ersinnen, wie dies später Otto von Guericke getan hat.

Der berühmte Mathematiker Blaise Pascal erfuhr von dem Experimente Torricellis und bestätigte die Existenz des Luftdruckes durch geeignete Verbindung zweier Quecksilberbarometer. Er schloß, daß der Druck auf einem hohen Berge kleiner als in der Ebene sein müsse, hatte aber selbst keine Gelegenheit zu einem diesbezüglichen Versuche. Er wandte sich deshalb brieflich am 15. November 1647 an Périer in Clermont, den Gemahl seiner Schwester. Dieser bestieg am 19. September 1648 den Puy-de-Dôme mit einem Barometer. Es zeigte oben etwa 8,5 cm weniger als ein gleiches Instrument in dem Minoritenkloster am Fuße des 974 Meter hohen Berges. Das Experiment wurde noch an anderen Orten, auch durch Pascal selbst, angestellt, der daran die Vermutung knüpfte, man müsse offenbar durch solche Versuche die Höhe von Bergen bestimmen können.

Von Pascal wurde erstmals der Satz von der gleichmäßigen Druckverbreitung in einer Flüssigkeit ausgesprochen, den die Technik bei der (1796) von Brahma ersonnenen hydraulischen Presse verwertet. Jede unter Druck in ein Gefäß eingeschlossene Flüssigkeit sieht Pascal als eine Maschine an, auf die man das Prinzip der virtuellen Geschwindigkeiten anwenden kann. Aus diesem gelangte er auch zu dem Satze vom hydrostatischen Paradoxon und rückte damit Stevins Fund (siehe S. 43) in ein neues Licht.

Der aus der Geschichte der Mathematik bekannte Schüler Galileis, Bonaventura Cavalieri, gab 1647 für die Vereinigungsweite paralleler Lichtstrahlen durch eine Linse (d. h. die Brennweite) folgende Regel: „In allen bikonvexen und bikonkaven Linsen verhält sich die Summe der Radien der Begrenzungsflächen zu dem Radius derjenigen Linsenfläche, welche die Parallelstrahlen auffängt, wie der doppelte Radius der anderen Fläche zu der Vereinigungsweite der parallelen Strahlen. Statt ‚Summe‘ ist ‚Differenz‘ zu setzen, wenn die eine Fläche konvex, die andere konkav ist.“ Für den Brechungsindex Luft → Glas $n = 1{,}5$ geht dies etwas umständliche Gesetz aus der bekannten Linsenformel hervor.

Die Eigenschaft gewisser Körper, nach kurzer Besonnung nachzuleuchten, scheint Galilei schon 1612 bekannt gewesen zu sein. Sie soll durch den Schuhmacher Cascariolo entdeckt worden sein, als er Schwerspat aus der Umgegend von Bologna alchemistisch verarbeitete („Bononischer Stein"). Einen ähnlichen „Lichtträger" oder „Phosphor" fand der Alchemie treibende Amtmann Balduin im Jahre 1674 („Balduinscher Phosphor"). Ähnliche Stoffe fanden auch der Advokat Homberg 1712 und der Physiker Dufay im Jahre 1724. Der Bononische Stein erregte natürlich viel Aufsehen, besonders bei so phantastisch veranlagten Naturen, wie es der Jesuit Athanasius Kircher war. Er hatte erstmals die sog. Nachbilder beobachtet und die Meinung vertreten, das Auge verhalte sich dabei wie ein Bononischer Stein.

Es gibt wohl kaum ein Gebiet, auf dem Kircher nicht schriftstellerisch tätig war; von selbständigen brauchbaren Untersuchungen ist daher bei ihm nur selten die Rede, wohl aber erwähnt er mancherlei erstmalig, was ihm bekannt, wenn auch nicht von ihm entdeckt war. So beschreibt er z. B. 1646 die erste Fluoreszenzerscheinung am sog. „Nierenholz", dessen wässeriger Aufguß in durchgehendem Lichte goldgelb, in auffallendem blau aussieht.

In seiner „Phonurgia" (1673) erwähnt Kircher das Sprachrohr, das aber nicht von ihm, sondern von S. Moreland stammt (1670), wenn es nicht überhaupt bedeutend älter ist.

Vom Magnetismus hatte Kircher zum Teil ganz seltsame Ansichten. Er behauptet z. B., ein Magnet werde stärker, wenn man ihn zwischen getrocknete Blätter von Isatis silvatica lege. Er schlägt vor, die Stärke eines Magneten durch das Gewicht zu bestimmen, das erforderlich ist, um ihn von einem Eisenstück loszureißen. Kirchers Ordensbruder Niccolo Cabeo macht 1639 die gute Bemerkung, ein Magnet könne wohl zwei Pfund Eisen, nicht aber ein Pfund Eisen und ein Pfund Blei zusammen tragen. Er führt auch an, daß zwei Magnete sich in ihrer Wirkung auf Eisen verstärken oder abschwächen können, je nachdem man sie zusammenbringt.

Im übrigen machte dieses Gebiet der Physik in jener Zeit nur geringe Fortschritte. Der Astronom Henry Gellibrand konnte 1634 nachweisen, daß die magnetische Deklination nicht nur auf der Erdoberfläche überhaupt, sondern sogar am gleichen Orte ihre Größe wechselt und deshalb keineswegs, wie man gehofft hatte, zur Bestimmung der geographischen Länge benutzt werden kann.

Auf dem bis dahin recht vernachlässigten Gebiete der Akustik betätigte sich zunächst der Jesuit Mersenne, indem er an die Behauptung Galileis anknüpfte, die Höhe eines Tones hänge nur von der Zahl der Schwingungen ab, die der tönende Körper in einer bestimmten Zeit mache, so daß man sich bei akustischen Untersuchungen der physikalisch meßbaren Schwingungszahl statt der physiologisch wahrnehmbaren Tonhöhe mit Vorteil bedienen könne. Mersenne gab zuerst die genaueren Gesetze für die Schwingungszahl von Saiten. Er fand: „Die Schwingungszahl einer Saite ist unter sonst gleichen Umständen 1. der Länge indirekt proportional, 2. der Quadratwurzel aus dem spannenden Gewichte direkt proportional, 3. der Quadratwurzel aus der Dicke indirekt proportional.“ Der letzte Teil ist unrichtig; es müßte heißen: „der Dicke indirekt proportional“.

Mersenne schlug einen Normalton für die Musik vor, fand aber keine Anhänger. Beim Anzupfen einer Saite hörte er, daß eine andere, auf den gleichen Ton gestimmte mittönte. Er beachtete jedoch diese Resonanzerscheinung ebensowenig weiter als die Obertöne, die er neben dem Grundton einer Saite noch wahrnahm. Er ersann auch ein akustisches Hygroskop, bei dem eine Darmsaite auf einen passenden Ton gestimmt war, der bei feuchter bzw. trockener Luft höher bzw. tiefer wurde. Die Schallgeschwindigkeit bestimmte er nach der von Baco von

Verulam vorgeschlagenen Methode, bei der die Zeit zwischen Lichtblitz und Knall einer in bekannter Entfernung stehenden Kanone gemessen wird. Er erhielt 448.5 Meter als sekundlichen Schallweg.

Des gleichen Verfahrens bediente sich Pierre Gassendi und wies mit der Tatsache, daß der Knall einer Kanone und einer Flinte dieselbe Geschwindigkeit hatte, die Irrigkeit des aristotelischen Glaubens nach, daß tiefe Töne sich langsamer fortpflanzen sollen als hohe.

Den von den Coppernicus-Gegnern erhobenen Einwand, auf einer rotierenden Erde müsse ein freifallender Körper eine westliche Abweichung von der Lotrichtung zeigen, hatten schon Galileis Überlegungen entkräftet. Giordano Bruno, den die Inquisition den Scheiterhaufen besteigen ließ, war sich sogar noch vor Galilei darüber klar, daß ein vom Ufer aus auf ein fahrendes Schiff fallender Stein sein Ziel nach rückwärts verfehlen, ein auf dem fahrenden Schiff fallen gelassener Stein dagegen mit diesem vorwärtsgehen muß. Gassendi bestätigte dies (1640) an Steinen, die er im Hafen von Marseille aus dem Mastkorb einer schnellfahrenden Galeere fallen ließ. Die dem Mast parallele Bewegung erklärte er richtig aus dem Beharrungsgesetz mit dem Hinweis, daß ein Reiter einen emporgeworfenen Gegenstand mit Leichtigkeit auffangen kann. Wegen seines geistlichen Amtes (Propst) konnte sich Gassendi nicht der Lehre des Coppernicus anschließen. Er begnügte sich damit, alle vorgebrachten Einwände gegen das System so gut als möglich zu entkräften.

Nicht alle bis jetzt besprochenen Forscher sind eigentliche Schüler Galileis gewesen, haben aber doch mehr oder weniger in seinem Geiste die Wissenschaft gefördert. Reiche Erfolge auf experimentellem Gebiete erzielte die „Accademia del Cimento“ (Akademie des Versuchs), die am

19. Juni 1657 zu Florenz unter den Auspizien des Großherzogs Ferdinand II. von Toskana und seines Bruders Leopoldo de' Medici gegründet wurde. Sie bestand aus neun Mitgliedern, die es sich zur Aufgabe gemacht hatten, durch gemeinsames Experimentieren die physikalische Wissenschaft weiter auszubauen. „Provando e riprovando" (Versuchen und nochmals versuchen!) war ihr Wahlspruch, den sie getreulich befolgten. Wir kennen zwar von einzelnen Mitgliedern besondere Arbeiten, sonst sind die Ergebnisse ohne Namensnennung niedergeschrieben in dem Werke: „Saggi di naturali esperienze fatte nell' Accademia del Cimento. Firenze 1667" (= Naturwissenschaftliche Versuche der A. d. C.).

Eine große Reihe ihrer Untersuchungen bezieht sich auf das Vakuum in der Torricellischen Röhre. Man beobachtete, daß eine luftgefüllte Blase sich darin ausdehnte, daß die Kugelgestalt der Tropfen, die kapillare Steighöhe der Flüssigkeiten usw. sich im Vakuum ebensowenig änderte wie die magnetische Wirkung oder die Entstehung der Linsenbilder. Ihre Versuche über Schall und Elektrizität im Vakuum blieben ergebnislos. Das Barometer erklären die Akademiker aus dem Gewicht von Luft und Quecksilber nach dem Gesetze der kommunizierenden Gefäße.

Auf die Behauptung Galileis im zweiten Tage des Dialogs, ein horizontal geworfener Körper erreiche in der gleichen Zeit den Boden wie ein freifallender, bezog sich folgender Versuch: Von einem 50 Ellen hohen am Meere stehenden Turme des alten Forts zu Livorno schoß man Kugeln horizontal ab und bestimmte die Zeit bis zum Aufschlagen im Wasser. In derselben Zeit fielen die Kugeln auch frei die gleiche Höhe herab.

Daß ein Körper in einer spezifisch schweren Flüssigkeit nur dann schwimmen kann, wenn sie auch einen Druck von unten nach oben ausüben kann, wies man dadurch nach, daß man in eine Holzbüchse mit völlig ebenem Boden einen unten ebenen Holzzylinder setzte und nun vorsichtig Quecksilber einschüttete. Der Zylinder stieg dann nicht in die Höhe. Ähnlich stellte man den Versuch auch mit einer Elfenbeinkugel in halbkugeliger Elfenbeinschale an.

Die Frage nach der Zusammendrückbarkeit der Flüssigkeit wurde verneint, als man bemerkte, daß aus einer mit Wasser gefüllten und verschraubten Silberkugel das Wasser durch die Poren herausdrang, wenn man die Kugel kräftig hämmerte.

Bei den Thermometern der Akademie wurde die Ausdehnung des Weingeistes benutzt. Ob ihr Instrument aus dem des französischen Arztes Rey hervorgegangen ist, der eine Wasserfüllung verwendete, oder ob es wirklich, wie angegeben wird, von dem Großherzog Ferdinand II. ersonnen ist, kann nicht ermittelt werden.

Der letzte Versuch im vierten Abschnitt der Saggi gibt den ersten Beweis für strahlende Wärme und ihre Reflexion. Vor einem Hohlspiegel lag ein Eisblock von 500 Pfund Gewicht. Brachte man dann in den Brennpunkt des Spiegels ein Thermometer, so fing es sofort an zu sinken; dies trat aber nicht ein, wenn man einen Schirm zwischen Spiegel und Thermometer hielt. Die Nähe des Eisblocks am Thermometer konnte also nicht die Ursache des Sinkens sein.

Ein unten verschlossenes Metallrohr wurde vollständig mit Wasser gefüllt, das man gefrieren ließ. Das Eis nahm nun einen größeren Raum ein, d. h. ein kleiner Eiszylinder schob sich aus dem Rohre heraus, der dann entfernt wurde. Das übrige Eis wog um $\frac{1}{9}$ weniger als die ursprüngliche Wasserfüllung. Das spezifische Gewicht des Eises war also $\frac{8}{9}$ (tatsächlich 0,9167), woraus sich das Schwimmen von Eis auf Wasser erklärte. Die Gewalt des Wassers beim

Gefrieren zeigten sie mit dem noch heute üblichen Experiment durch das Sprengen dickwandiger mit Wasser gefüllter Metallgefäße, die sie in Kältemischungen einlegten.

Zu unserem Ausdruck „Wärmekapazität" gelangten sie durch die Beobachtung, daß durch gleiche Mengen gleichwarmer, aber verschiedener Flüssigkeiten, z. B. Quecksilber und Wasser, nicht die gleiche Eismenge geschmolzen wird. Bei den sog. Eiskalorimetern wird bekanntlich diese Tatsache zur Ermittlung spezifischer Wärmen benutzt.

Als man einst ein Gefäß mit Eisstückchen, in denen ein Thermometer steckte, in siedendes Wasser tauchte, wurde keine Temperaturänderung am Thermometer bemerkt. Man stand vor einem unlösbaren Rätsel. Die wichtige Konstanz des Schmelzpunktes, die den Akademikern für eine Thermometerskala so gut zustatten gekommen wäre, entging ihnen dabei, ebenso der später von Black eingeführte Begriff der „latenten Wärme".

Bei dem Hygrometer der Akademie, das auch von Großherzog Ferdinand II. stammen soll, wurde die atmosphärische Feuchtigkeit durch einen Behälter mit Eis kondensiert. Die Menge des niedergeschlagenen Wassers wurde in einem untergestellten Maßgefäße ermittelt. Man hat es also hier mit dem ersten, wenn auch noch primitiven Kondensationshygrometer zu tun.

Ein Bifilarpendel diente den Akademikern zur Zeitmessung, als sie nach dem Verfahren Bacons die Schallgeschwindigkeit zu 350 Sekundenmetern ermittelten. Eigenartig, wenn auch praktisch bedeutungslos, war das Verfahren zur Messung der Lichtgeschwindigkeit, das Galilei vorgeschlagen hatte. An zwei Punkten von einer Meile Abstand befanden sich zwei Beobachter mit gut sichtbaren Lichtquellen. Sah der zweite das vom ersten abgedeckte Licht verschwinden, so verdeckte auch er sein Licht. Der erste Beobachter maß nun die Zeit zwischen dem Abdecken des eigenen und dem Verschwinden des zweiten Lichts. So hätte man die Dauer der Lichtverbreitung über zwei Meilen ermitteln können, wenn nicht der „persönliche Fehler" gestört hätte. Diesen schaltete Fizeau bei seinem Verfahren (1849) geschickt aus, in dem man unschwer den Grundgedanken Galileis zu erkennen vermag.

Es mag gleich hier vorweggenommen werden, daß die erste Bestimmung der Lichtgeschwindigkeit im Jahre 1675 dem dänischen Astronomen Olaf Römer gelang. Er fand, daß die Verfinsterung eines Jupitermondes bei der Konjunktion des Planeten mit der Sonne um 1000 Sekunden nach dem Zeitpunkte eintrat, den man durch Vorausberechnung seit der Opposition gefunden hatte. Da die Entfernung des Jupiters von der Erde bei der Konjunktion um den Durchmesser der Erdbahn, also 40 Millionen Meilen, größer ist als bei der Opposition, so muß bei der Annahme, das Licht brauche zu seiner Fortpflanzung Zeit, der Weg des Lichts in 1000 Sekunden 40 Millionen Meilen sein, woraus eine Lichtgeschwindigkeit von 40 000 Sekundenmeilen folgt.

Unter den einzelnen Mitgliedern der Accademia del Cimento ragt besonders Borelli mit eigenen Arbeiten hervor, unter denen wir zunächst die 1670 veröffentlichten über Kapillarität erwähnen. Borelli führt z. B. an, daß das Wasser in einem Haarröhrchen eine bestimmte Steighöhe erreicht, die der Röhrenweite umgekehrt proportional ist. Daß der aufgestiegene Flüssigkeitsfaden in dem herausgehobenen Haarröhrchen hängenbleibt, bemerkte Borelli, kam aber nicht zu dem allgemeineren Ergebnis, daß das Röhrchen sogar einen Flüssigkeitsfaden von der doppelten Größe der Steighöhe zu tragen vermag.

Der Korrespondent der Akademie, Honoré Fabri, wußte auch, daß das Wasser niemals oben aus einer Kapillarröhre hinauslaufen kann, selbst dann nicht, wenn man die Rohrlänge kleiner als die Steighöhe macht; er vertrat aber auch die falschen, durch Borelli widerlegten Ansichten, die Kapillarerscheinungen seien durch den Luftdruck bedingt und die Steighöhe sei der Röhrenlänge proportional. Borelli gründete seineTheorie der Kapillarität auf die Hebelgesetze und war damit ebenso im Irrtume wie Isaak Voß, der die Viskosität zur Erklärung herbeizog (in einer Schrift, in der er erstmals die Kapillardepression des Quecksilbers erwähnt). Borelli entdeckte auch, daß zwei Holztäfelchen auf Wasser sich einander nähern, ebenso zwei Metallbleche, während ein Holztäfelchen und ein Metallblech sich gegenseitig abstoßen. Borelli merkte, daß er hier seine Hebeltheorie nicht brauchen könne, gab aber keine andere. Ein zweites Hauptwerk Borellis enthält das, was unsere Physikbücher über Stehen, Gehen, Laufen usw.mitzuteilen pflegen, sowie die Erkenntnis, daß unsere Arme und Beine einarmige (sog. „Wurf"-)Hebel sind.

Der obenerwähnte Fabri änderte Scheiners Versuch so ab, daß er durch ein Loch in einem Kartenblatt nach einer fernen Lichtquelle blickte und zwischen Auge und Öffnung einen Stecknadelkopf schob, den er dann umgekehrt und vergrößert sah.

Innere Schwierigkeiten scheinen das Ende der Accademia del Cimento vorbereitet zu heben. Da es mit der Ernennung des Leopold von Medici zum Kardinal im Jahre 1667 eintrat, ist der vermutete Einfluß römischer Intoleranz nicht ganz von der Hand zu weisen.

Otto von Guericke.

Deutschland weist im siebzehnten Jahrhundert wohl durch den Einfluß des furchtbaren Dreißigjährigen Krieges nur zwei bedeutende Forscher auf dem Gebiete der exakten

Naturwissenschaften auf, Johannes Kepler und Otto von Guericke. Jener hinterließ uns die herrlichen Früchte mathematischer Studien, dieser vermittelte uns die Kenntnis einer großen Klasse von Erscheinungen durch rein experimentelle Untersuchungen.

Was Otto von Guericke (seit 1646 vierter Bürgermeister von Magdeburg) geleistet hat, ist um so verdienstvoller, als er in jener wilden, sturmbewegten Zeit, mitten im Getriebe der Politik stehend für das Wohl seiner Vaterstadt Magdeburg unermüdlich und erfolgreich tätig war und nur unter den allererschwerendsten Umständen sich der Wissenschaft widmen konnte. Er beschäftigte sich wohl zunächst mit philosophischen Spekulationen über die Existenzmöglichkeit eines leeren Raumes. Diese Frage war schon seit Aristoteles viel umstritten, doch hatte man sie verneint, da man „Körper" und „Raum" für zwei identische Begriffe hielt und demnach „eine Ausdehnung ohne Substanz, d. h. einen leeren Raum" für unmöglich halten mußte. Guericke, dem Torricellis Versuch nicht bekannt war, erkannte richtig, daß bei solchen Fragen niemals durch philosophische Spekulationen, sondern ausschließlich durch die aus Experimenten zu gewinnende Erfahrung eine entscheidende Antwort gegeben werden könne. In seinem 1663 vollendeten, aber erst 1672 zu Amsterdam erschienenen Hauptwerke „Experimenta nova (ut vocantur) Magdeburgica de vacuo spatio" vertritt er diese Ansicht mit allem Nachdruck.

An einer Stelle im Vorwort findet sich der Satz: „Bei naturwissenschaftlichen Fragen hat es gar keinen Wert, schön reden und gut disputieren zu können." Bei anderer Gelegenheit heißt es: „Die nur an ihren Meinungen und Gründen festhaltenden Philosophen können, da sie die Erfahrung nicht berücksichtigen, niemals sichere und richtige Schlüsse bei Erscheinungen in der Natur erhalten; der menschliche Verstand entfernt sich, wie man sehen kann, bei Nichtbeachtung der durch die Erfahrung zu gewinnenden Ergebnisse oft weiter von der Wahrheit, als unsere Erde von der Sonne. Wo man Tatsachen reden lassen kann, braucht man keine gekünstelten Hypothesen; wem jedoch handgreifliche und offensichtliche Erfahrungen nicht beweiskräftig genug sind, mit dem wollen wir uns nicht herumstreiten: er soll bei seiner vorgefaßten Meinung bleiben und wie die Maulwürfe in der Dunkelheit herumwühlen."

Mit Guerickes Erlaubnis sind seine Versuche schon vor dem Erscheinen obiger Schrift durch den Professor Kaspar Schott in Würzburg in seinen Werken „Mechanica hydraulico-pneumatica" (1657) und „Technica curiosa" (1664) veröffentlicht worden. Wir halten uns jedoch an das Buch Guerickes, da es ein so reiches Material über seine Arbeiten darbietet, daß man, wie selten bei einem Physiker, einen vollen Einblick in den Entwicklungsgang der mit peinlichster Sorgfalt und erschöpfender Ausführlichkeit angestellten Experimente gewinnt. Die Versuche über den leeren Raum sind in dem dritten der sieben Bücher des Werkes dargestellt.

Guericke versuchte zunächst, ein mit Wasser gefülltes Faß mittelst einer dicht schließenden Messingspritze leer zu pumpen. Das Wasser konnte zwar herausgeschafft werden, aber gleichzeitig drang durch die Poren des Holzes Luft in das Faßinnere, wobei man ein Geräusch „wie von kochendem Wasser" hörte. Guericke wiederholte nun den Versuch, indem er das Faß in ein größeres stellte, das auch Wasser enthielt. Als man am Abend mit dem Auspumpen aufhörte, vernahm man ein Geräusch, „ähnlich dem eines leise zwitschernden Singvogels", das drei Tage anhielt. Als sich zeigte, daß das kleinere Faß wieder Luft und Wasser enthielt, nahm Guericke von der Benutzung eines Holzgefäßes Abstand und wiederholte sein erstes Experiment mit einer Kupferkugel. Anfangs ging alles ganz gut, bald aber konnten zwei Männer nur noch mit großer Anstrengung den Pumpenstempel herausziehen. Man glaubte schon fast mit der Entleerung fertig zu sein, da wurde die Kugel plötzlich zu aller Schrecken mit lautem Knall so zerdrückt, „wie man ein Tuch in der Hand zusammenknittert". Bei Benutzung besserer Kugeln gelang wirklich die Erzeugung eines leeren Raumes, auch ohne die ursprüngliche Füllung mit Wasser. Guericke wußte zunächst noch nicht, daß die Luft elastisch sei, und brachte deshalb bei seinen ersten Experimenten stets die Pumpe am unteren Ende des zu entleerenden Gefäßes an, damit die Luft in den Pumpenstiefel „hineinfallen" könne. Wir wissen leider nicht, in welchem Jahre es Guericke erstmals gelang, mit seiner Pumpe ein Gefäß luftleer zu machen.

Öffnete man eine ausgepumpte Kugel, so drang die Luft von außen so heftig in das Innere, daß einem der Atem benommen wurde, wenn man mit dem Gesicht in die Nähe kam. Öffnete man den leeren Behälter unter Wasser, so füllte er sich damit bis auf eine kleine Blase an.

An dem Hahn einer evakuierten Glaskugel wurde ein luftgefülltes Gefäß befestigt. Öffnete man den Hahn, so drang die Luft mit so großer Gewalt in den leeren Behälter, daß sogar kleine Haselnüsse und Steinchen lebhaft dadurch herumgetrieben wurden. Guericke beobachtete dabei gleichzeitig die Bildung von Wolken und Nebel in der Glaskugel, sowie das Auftreten der „Regenbogenfarben", wenn die Sonne dabei auf das Gefäß schien.

Guericke folgerte aus dem Einströmen der Luft in das leere Gefäß richtig, daß die Luft elastisch sein müsse, behielt aber doch noch die schon erwähnte Anordnung des Pumpenstiefels bei.

Verband er einen entleerten Behälter mit einer dünnwandigen prismatischen Glasflasche, so wurde diese mit heftigem Knall in viele kleine Splitter zerdrückt, sobald man den Verbindungshahn öffnete. Wir pflegen heute den Versuch so zu demonstrieren, daß wir eine Membran oder Glasplatte auf einem Metallring zersprengen. Guericke erklärt die Erscheinung durch die Annahme eines Druckes der atmosphärischen Luft. Wir werden im weiteren Verlauf erkennen, daß er darüber ganz klare Anschauungen hatte. Es gelang ihm sogar, seine Größe zu messen. Er stellte nämlich einst das untere Ende eines Glasrohres in einen Zober mit Wasser und verband das obere Ende mit einem entleerten Behälter. Beim Öffnen des Verbindungshahns stieg dann das Wasser mit großer Gewalt in der Röhre empor und füllte den Behälter fast völlig an. Als Guericke nun von seinen Freunden einstens gefragt wurde, wie hoch wohl das Wasser bei diesem Versuche überhaupt steigen könne, fügte er mehrere Röhren aneinander und bemerkte dann, daß sich das Wasser durch den luftleeren Behälter wohl bis zum dritten, aber nicht bis zum vierten Stockwerk eines Hauses heben lasse, d. h. bis zu einer Höhe von 19 Magdeburger Ellen. Daraus erhielt er dann nach dem noch heute üblichen Rechnungsverfahren die Größe des Atmosphärendruckes, allerdings ziemlich ungenau.

Im Anschluß an dieses Experiment konstruierte Guericke ein aus mehreren ineinander steckenden Rohrstücken bestehendes Wasserbarometer, auf dessen oberer Flüssigkeitskuppe eine aus Holz geschnitzte Figur schwamm, die an einer Skala die Ab- und Zunahme des Luftdrucks anzeigte. Guericke hatte nämlich beobachtet, daß das Wasser in der Röhre stets auf und ab schwankte (ohne jedoch darin eine Periode zu erkennen). Wegen dieser Veränderlichkeit nannte er sein Instrument „Semper vivum“ oder auch „Perpetuum mobile“. Dieser letzte Name wird in der späteren Zeit bekanntlich für einen nur in der Einbildungskraft gewisser Leute existierenden Apparat gebraucht.

Am 9. Dezember 1660 sagte Guericke aus dem außergewöhnlich tiefen Stande seines „Wettermännchens“ einen Sturm voraus, der auch wirklich nach zwei Stunden losbrach und großen Schaden in Magdeburg und der Umgebung anrichtete.

Man ist leider nicht darüber unterrichtet, ob Guericke bei der Konstruktion dieses Instruments den Versuch des Torricelli kannte. Er erzählt selbst, daß er von diesem erst auf dem Regensburger Reichstage Kenntnis erhielt, wo ihn der Kapuzinerpater Valerianus Magnus als eigenes Experiment vorführte. Da Guericke nichts weiter davon berichtet und in seiner Schrift nur selten Jahreszahlen anführt, bleibt die Frage offen.

Um die Veränderlichkeit des Luftdrucks noch weiter zu demonstrieren, hängte Guericke an das eine Ende eines Wagbalkens eine luftleere Kugel von einem Fuß Durchmesser und an das andere Ende ein kleines, viel weniger Luft verdrängendes Gegengewicht. Die Kugel hob oder senkte sich, wenn der Luftdruck zu- oder abnahm. Wir verwenden bei der Luftpumpe bekanntlich einen ganz ähnlichen Apparat, den wir nach Fouchy benennen.

Seine völlig richtigen Anschauungen über die Druckverhältnisse in der Atmosphäre prüfte er mit folgendem Experiment. Man kann, so gibt er an, leicht zeigen, daß auf höher gelegenen Plätzen die Luft schwächer drückt als auf tiefer liegenden. Verschließt man nämlich eine luftgefüllte Flasche in der Ebene und bringt sie auf einen Turm oder Berg, so entweicht dort beim Öffnen des Hahns ein wenig Luft nach außen. Schließt man nun wieder die Flasche und bringt sie nach der Ebene zurück, so strömt beim Öffnen des Hahns Luft nach innen. Man muß aber darauf achten, daß die Temperatur oben und unten möglichst dieselbe ist, sonst mißlingt das Experiment. Als er den Versuch von Périer und Pascal am Brocken wiederholen wollte, zerbrach leider das Instrument durch die Ungeschicklichkeit eines stolpernden Dieners. Der Versuch wurde dann auch später nicht angestellt.

Unter allen Experimenten Guerickes ist unstreitig keines so populär geworden als das mit den „Magdeburger Halbkugeln“. Zwei halbe Kupferkugeln, deren Durchmesser 0,67 magdeburgische Ellen betrug, konnten luftdicht aufeinandergesetzt werden. Pumpte man dann die Luft aus dem Innenraum heraus, so preßte die Atmosphäre die beiden Halbkugeln so fest aneinander, daß es der Kraft von 16 Pferden nicht gelang, die beiden Hälften zu trennen. Bei einer größeren Kugel von 0,95 magdeburgischen Ellen Durchmesser gelang es sogar 24 Pferden noch nicht.

Besonders dieser Versuch erregte das berechtigte Staunen der auf dem Reichstage zu Regensburg (1654) versammelten Fürsten und Herren, denen Guericke in Gegenwart des Kaisers Ferdinand III. die Luftpumpe und Experimente mit ihr vorführte. Johann Philipp, der Bischof von Würzburg und Erzbischof von Mainz, ließ die Versuche durch Kaspar Schott wiederholen, der sie dann auch, wie bereits erwähnt, in seinen beiden Werken mit Guerickes Erlaubnis beschrieb.

In der Vorrede zu seiner „Technica curiosa“ sagt Schott von den „magdeburgischen Versuchen“: „Ich stehe nicht an, aufrichtig zu bekennen und es keck herauszusagen, daß ich noch niemals in dieser Art etwas Wunderbareres gesehen, gehört, gelesen oder gedacht habe: ja, ich glaube, daß seit der Weltschöpfung die Sonne nichts Ähnliches, geschweige denn Wunderbareres beschienen hat.“

Die Luftpumpenbeschreibung durch Schott in seiner „Mechanica hydraulico-pneumatica“ regte den englischen Physiker Robert Boyle zu ähnlichen Arbeiten an, deren wir am Schlusse dieses Kapitels gedenken werden. Einige seiner Vorschläge beherzigte Guericke bei späteren Konstruktionen seiner Luftpumpe. Auf dem Regensburger Reichstage waren mancherlei Fragen an ihn gerichtet worden, die er noch zu lösen dachte. So gab er z. B. noch einen Versuch an, der, wie die „Magdeburger Halbkugeln“, die be-

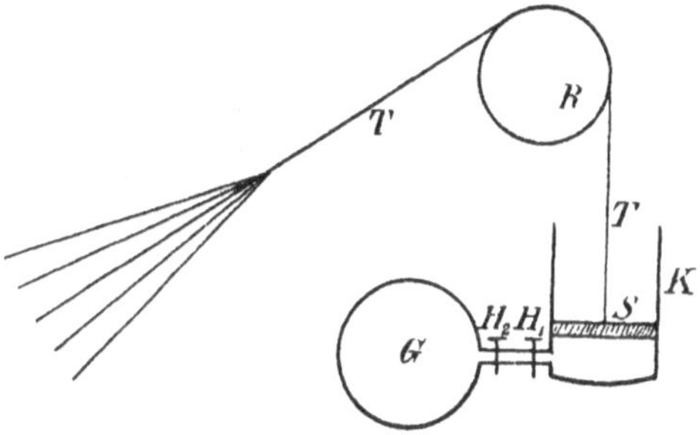

Fig. 12. Apparat des Otto von Guericke, um die Kraft des Luftdrucks zu zeigen.

trächtliche Stärke des Luftdruckes dartun sollte. An einem Balkengerüste wurde ein Kupferzylinder *K* (Fig. 12) von etwa 60 cm Höhe und 50 cm Durchmesser mit wenig gewölbtem Boden befestigt. In dem Zylinder bewegte sich luftdicht ein Stempel *S*, an dem ein Seil *T* geknüpft war, das über eine feste Rolle *R* lief und sich am Ende in viele Einzeltaue teilte. Am unteren Zylinderende befand sich eine Ansatzröhre mit Hahn H_1, an die man ein entleertes Gefäß *G* mit Hahn H_2 anschrauben konnte. Befand sich der Stempel ganz unten in dem Zylinder, so konnten 20

Männer, die an den Haltetauen angriffen, den Stempel nicht völlig herausziehen, sie brachten ihn höchstens bis zur Mitte des Zylinders. Öffnete man nun H_1 und H_2, so wurde der Stempel durch den jetzt plötzlich stärker wirkenden Atmosphärendruck mit so großer Gewalt in den Zylinder hineingedrückt, daß die Männer nicht standhalten konnten.

Guericke untersuchte auch den Schall im leeren Raume mit etwas mehr Glück als die Accademia del Cimento. Er brachte eine Glocke, die durch ein Uhrwerk in bestimmten Intervallen erregt wurde, in den Rezipienten und bemerkte, daß der Ton der Glocke um so schwächer wurde, je mehr man die Luft herauspumpte. Ließ man wieder Luft zutreten, so nahm die Stärke des Tons wieder zu. Als er den Versuch mit einer Holzklapper wiederholte, hörte man deren Schlag auch beim Evakuieren. Guericke entging die Schalleitung in festen Körpern; er meinte, ein Ton ersticke im Vakuum, ein Geräusch aber nicht.

Er fand, daß Tiere im luftleeren Raum verenden, daß ein Licht nicht weiter brennen kann, daß abgestandenes Bier wieder aufschäumt usw. Die Ausdehnung lufterfüllter Gegenstände im leeren Raum zeigte er an einer zugebundenen Ochsenblase, die zwischen den Magdeburger Halbkugeln aufschwoll und schließlich mit starkem Knall zerplatzte.

Es würde uns zu sehr ablenken, wollten wir alle Versuche Guerickes mit der Luftpumpe beschreiben. Das Fehlen des Tellers und der abnehmbaren Glocke erschwerte die Handhabung beträchtlich, mancher unserer Vorlesungsversuche wurde daher von Guericke in etwas umständlicher Form angegeben. Wir erwähnen endlich noch seinen Wärmemesser, den er „Mobile perpetuum" nannte. Dieses Instrument bestand aus einer lufterfüllten Metallkugel, an deren unterem Ende eine U-förmige Kupferröhre befestigt war, die etwas Weingeist enthielt. Je nach der Lufttemperatur bewegte sich die Flüssigkeit, dadurch hob oder senkte sich im freien Ende der U-Röhre ein Schwimmer, der durch eine Schnur und eine feste Rolle mit einem Figürchen in Verbindung stand. Dieses zeigte dann mit seinem ausgestreckten Arme den Wärmezustand auf einer Skala an, die das U-Rohr völlig verdeckte. Es waren 7 Wärmegrade bezeichnet, die man etwa wiedergeben könnte mit: „sehr kalt, kalt. kühl, mittel, lau, warm, sehr warm". Guericke erkannte, daß die Skalen der Thermometer miteinander vergleichbar sein müssen, und daß man dazu übereinstimmende feste Punkte brauche. Er glaubte dieser Forderung dadurch eher zu genügen, daß er den Luftinhalt der Kugel seines Thermoskopes so änderte, daß die Figur auf den mittleren Punkt der Skala wies, wenn die ersten Nächte mit Reifbildung eintraten.

Das vierte Buch von Guerickes Hauptwerk bietet uns im 7. Kapitel auch einige magnetische Beobachtungen. Dort heißt es: „Nimm einen Eisendraht von Fingerlänge, bringe ihn in der Nordsüdrichtung auf einen Amboß und klopfe beide Enden mit einem Hammer; hänge dann den Draht frei auf, so wirst du sehen, daß er sich wie die Magnetnadel richtet. Daher erlangt auch das stählerne Werkzeug der Schmiede, mit dem sie Eisen durchbohren, diese Kraft wegen der wiederholten starken Reibung und zieht reichlich Eisenfeilspäne an. Selbst alle eisernen Gitter, mit denen man Fenster zu schützen pflegt, erlangen diese Kraft in 15 und mehr Jahren in der Luft, und zwar nicht nur die horizontal von Norden nach Süden laufenden, sondern auch die der Länge nach senkrecht stehenden Stäbe. Ihr unteres Ende erweist sich als Nord-, ihr oberes als Südpol."

Das 15. Kapitel des vierten Buches beschreibt Experimente mit einer Schwefelkugel, die man nicht sehr zutreffend als erste Elektrisiermaschine bezeichnet hat. Guericke füllte eine Glaskugel von der Größe eines Kinderkopfes mit Stücken von Schwefel, den er schmolz und erstarren ließ, nachdem er einen Eisenstab als Achse hineingesteckt hatte. Die durch Abklopfen des Glases erhaltene Schwefelkugel wurde dann in ein Holzgestell gelegt und mittels des Stabes gedreht. Durch Reibung an der trockenen Hand wurde sie elektrisch. Guericke zeigte, daß sie leichte Körper nicht nur anzog, sondern dann auch wieder abstieß. Er konnte so z. B. eine Flaumfeder im ganzen Zimmer herumtreiben, „ja auch erreichen, daß sie sich einem an die Nase hängte". Erst wenn man die Feder wieder mit etwas berührte, z. B. der Hand, einem Leinenfaden usw., kehrte sie zur Kugel zurück, um das Spiel von neuem zu beginnen. Nähert man der abgestoßenen Feder eine brennende Kerze, „so kehrt sie plötzlich zur Kugel zurück und sucht bei ihr gewissermaßen Schutz". Wir haben es hier erstmalig mit der bekannten Wirkung der Flammengase zu tun. Hängt über der geriebenen Schwefelkugel ein Leinenfaden bis dicht an sie herab, so weicht das untere Fadenende dem genäherten Finger aus. Wir würden sagen: im Finger und im Fadenende wird positive Elektrizität influenziert, wodurch die Abstoßung erfolgen muß: Ließ Guericke an einem oben zugespitzten Holze einen Leinenfaden herabhängen und näherte er der Spitze die elektrische Schwefelkugel, so wurde das untere Fadenende von irgendeinem genäherten Gegenstand angezogen. „Dadurch läßt sich unstreitig zeigen, daß sich die Kraft in dem Leinenfaden bis zu den äußersten Teilen ausgebreitet hat." „Hält man die geriebene Kugel ans Ohr, so hört man in ihr ein knisterndes Geräusch." „Wenn man sie in ein dunkles Zimmer bringt und mit der trockenen Hand reibt, sieht man sie leuchten wie zerbrochenen Zucker."

Den elektrischen Funken hat Guericke allem Anschein

nach nicht beobachtet. Man darf das aus der erstaunten Antwort auf einen Brief von Leibniz schließen, der ihn auf den Funken aufmerksam macht, den man mit der geriebenen Schwefelkugel erhalten kann. Vielleicht hat Guericke noch manche elektrische Erscheinung beobachtet, die für die Physik von hoher Wichtigkeit geworden wäre und den Entwicklungsgang der Elektrizitätslehre beschleunigt hätte, aber es fehlen uns weitere Notizen. Guericke sagt nämlich leider am Schlusse des 15. Kapitels im vierten Buch: „Andere seltsame Erscheinungen, die sich bei dieser Kugel zeigen, wollen wir mit Stillschweigen übergehen."

Es ist ungemein zu bedauern, daß Guericke den Gedankengang, wie er ihn bei seinen Luftpumpenversuchen befolgte, nicht auch bei den elektrischen Erscheinungen eingehalten hat. Hier geht er nämlich von mehreren „Weltkräften" aus, die etwas fragwürdiger Natur sind, und sucht seine „vorgefaßte Meinung" zu beweisen. Er meint z. B., wie die rotierende Schwefelkugel Papierschnitzel festhalte und mit herumführe, so nehme auch die Erde die auf ihr befindlichen Körper bei der täglichen Umdrehung mit sich.

Das sechste Buch handelt von den kosmischen Systemen. „Die Lehre des Coppernicus ist wahr und jeder anderen vorzuziehen", ist der leitende Grundgedanke, den Guericke eifrig verfolgt. Einen „Glauben" an ein bestimmtes System darf die Kirche nicht vorschreiben. „Warum glauben, wenn man wissen kann. Glauben heißt, einer Sache beistimmen wegen des Ansehens, das der Vortragende genießt; wissen heißt, eine Sache kausal erkannt haben." „Astronomische Dinge haben nichts mit biblischen Fragen zu tun." „Aus der Hl. Schrift sollen wir den Weg zum Heil erkennen, aber nicht den zur mathematischen Wissenschaft."

Das letzte Kapitel des ganzen Werkes handelt von dem Sternenheere, seiner äußersten Grenze und von der Unendichkeit des Universums. Es schließt mit den Worten: „Wenn wir nachts bei heiterem Wetter den unermeßlich endlosen Himmel betrachten, sehen wir mit unserem geistigen und körperlichen Auge den unsichtbaren Herrn der himmlischen Heerscharen in Licht gehüllt wie in ein Gewand mit glitzerndem Diamantenschmuck. Weiteres ist nach unserer Auferstehung dem ewigen seligeren Leben vorbehalten. Denn unser Wissen ist nur Stückwerk, sagt der Apostel..... Wir sehen jetzt nur ein Spiegelbild, nur ein Rätsel, dann aber von Angesicht zu Angesicht. Bis dahin sei Gott dem Vater, dem Sohne und dem Hl. Geiste, dem dreieinigen Gotte, dem Schöpfer und Erhalter aller Dinge, Ehre, Preis und Ruhm in alle Ewigkeiten."

Der schon früher erwähnte Robert Boyle beschrieb seine Luftpumpenversuche in seinem Erstlingswerke aus dem Jahre 1660: „New experiments, Physico-Mechanical, touching the Spring of the Air and its Effects". Wir führen die Hauptgedanken aus dieser und seinen anderen Schriften an. Er erzielte die Bewegung des Kolbens seiner Luftpumpe durch eine Triebkurbel mit einer Zahnstange, wie bei den heutigen kleineren Apparaten. Er konnte zeigen, daß ein Heber im Vakuum nicht mehr fließt, und daß die Erzeugung von Wärme durch Reibung oder Löschen von Kalk von der Gegenwart der Luft unabhängig ist. Lauwarmes Wasser geriet im Rezipienten ins Kochen. Er glaubte auch, einen Einfluß des leeren Raumes auf die magnetische Kraft gefunden zu haben: der Anker eines Magneten fiel nämlich beim Evakuieren ab. Erst Pieter van Musschenbroek erklärte dies (1729) richtig aus den Erschütterungen der Maschine beim Auspumpen. Ergebnislos blieben Boyles Experimente über Elektrizität im Vakuum, wohl aber konstatierte er, daß sich ein Körper leichter durch Reibung elektrisch machen lasse, wenn man ihn zuvor erwärmt habe, sowie daß auch ein unelektrischer Gegenstand einen (beweglichen) elektrischen anziehe.

Saugte Boyle mit der Luftpumpe Flüssigkeiten in Röhren empor, so verhielten sich die Steighöhen umgekehrt wie die Dichten (Boyles Hydrometer). Füllte er kommunizierende Gefäße mit Wasser und Quecksilber, so verhielten sich deren spezifische Gewichte umgekehrt wie die über der Berührungsfläche gemessenen Flüssigkeitssäulen. Die nämlichen Zahlenwerte erhielt er auch durch Vergleich der dasselbe Glasgefäß anfüllenden Flüssigkeitsmengen. Dieses Verfahren ist (1699) von W. Homberg durch die noch heute benutzten Pyknometer verfeinert worden.

Auf sein für das Studium des Luftdrucks wichtiges Gesetz kam Boyle durch eine Kontroverse mit einem Professor Linus in Lüttich, der behauptete, das Quecksilber werde in der Barometerröhre durch „Fädchen" festgehalten, die man fühlen könne, wenn man das Glasrohr nicht zuschmelze, sondern es am oberen Ende mit dem Finger verschließe.

Boyle benutzte eine U-förmige Glasröhre, deren kürzerer Schenkel oben zugeschmolzen war. Goß er nach und nach Quecksilber in das längere Rohr, so wurde die Luft im kürzeren Schenkel zusammengepreßt. Durch R. Townley angeregt, führte Boyle die Untersuchung auch für verdünnte Luft und gab (1662) das Gesetz, daß sich die Luftmengen umgekehrt wie die Drucke verhalten.

Das gleiche Gesetz wurde im Jahre 1676 nochmals entdeckt und etwas bestimmter ausgesprochen durch den Franzosen Mariotte, dessen Namen es auch heute in unseren Physikbüchern zu tragen pflegt, wohl deshalb, weil er die Abhängigkeit des Barometerstandes von der Höhe des Ortes aus diesem Gesetz abzuleiten suchte. Da er der mathematischen Schwierigkeiten nicht Herr wurde, blieb das Ergebnis unbrauchbar. Erst der englische Astronom Edmund Halley fand (1686) die für barometrische Höhenmessungen wichtige Grundformel, nach welcher die erreichte Höhe dem Logarithmus des Verhältnisses beider Barometerstände proportional ist. Die notwendigen Korrekturen und den genauen Wert des Proportionalitätsfaktors hat erst eine spätere Zeit gegeben.

Aus der großen Zahl der von Boyle angestellten Experimente heben wir noch hervor, daß er einen wassergefüllten Flintenlauf in eine Kältemischung brachte und die Ausdehnung des Wassers beim Gefrieren, ähnlich wie die Accademia del Cimento, demonstrierte. Er bemerkte, daß das Salz der Kältemischung flüssig wurde. Ein anderer Versuch aus dem Gebiet der Wärmelehre blieb ihm unerklärlich. Als er nämlich einen roten Dachziegel, der an einer Stelle schwarz, an einer anderen weiß angestrichen war, in die Sonne legte, fand er die Erwärmung am schwarzen Teile am bedeutendsten, am weißen am geringsten (1663). Ebenso konnte er mit einem Brennspiegel leichter schwarzes als weißes Papier entzünden. Er wußte auch, daß schwarze Handschuhe die Hände mehr erwärmen als weiße. Ganz ohne Erfolg suchte Boyle das Licht zu wägen, indem er Sonnenstrahlen auf die eine Schale einer Wage fallen ließ.

Wir schließen hier sofort die weiteren Verdienste des bereits erwähnten Mariotte an. In einer erst nach seinem Tode erschienenen Schrift bespricht er das Ausfließen von Flüssigkeiten aus Röhren. Er zieht zur Erklärung die Reibung heran und begründet damit die der Theorie gegenüber zu kleine Höhe von Springbrunnen, wie er das oft zu Chantilly und Versailles bemerkt hatte. In derselben Schrift (1686) wird auch die „Mariottesche Flasche“ beschrieben, die wir heute gebrauchen, um eine Flüssigkeit unter konstantem Drucke ausfließen zu lassen. Besonders bekannt ist die Auffindung des sog. blinden Fleckes im Auge. Er befestigte an einer Wand zwei Papierstückchen in einem Abstand von etwa 2 Fuß, das rechte etwas tiefer als das linke. Schloß er dann das linke Auge und fixierte mit dem anderen das linke Papierstück, so verschwand das rechte bei einer bestimmten Entfernung von der Wand (etwa 10 Fuß). Das Bild des rechten Papiers fällt dann nämlich auf die Eintrittstelle des Sehnerven in das Auge. Zuletzt sei noch erwähnt, daß es Mariotte im Jahre 1681 gelang. Schießpulver im Brennpunkt einer bikonvexen Eislinse zu entzünden, die er aus luftfreiem Wasser hergestellt hatte.

Christian Huygens.

Im Gründungsjahre (1657) der Accademia del Cimento wurde durch die (niederländischen) Generalstaaten einer der wichtigsten Apparate für die exakten Wissenschaften. eines der unentbehrlichsten Geräte des täglichen Leben patentiert, nämlich die Pendeluhr. Diese eine Erfindung würde allein schon genügen, um den Namen ihres Urhebers, Christian Huygens, in der Geschichte der Wissenschaften unvergeßlich zu machen, wenn nicht auch noch zwei andere Früchte seiner genialen Arbeiten ihm einen Ehrenplatz sicherten.

Die ersten naturwissenschaftlichen Erfolge durfte er auf astronomischem Gebiete verzeichnen Seit 1655 beschäftigte er sich mit der Verbesserung der Fernrohre. Es gelang ihm dadurch, einen Mond des Saturn zu entdecken (25. März 1655), sowie die wahre Gestalt dieses Planeten. den Galilei so merkwürdig gesehen hatte. Huygens bemerkte erstmals, daß der Saturn „von einem ebenen. dünnen, gegen die Ekliptik geneigten Ring umgeben ist, der nirgends mit dem Planeten zusammenhängt“. Im Jahre

1656 entdeckte er auch den Ringnebel im Orion, die Streifung des Jupiter, die Polflecken des Mars usw.

Die zu jener Zeit gebräuchlichen Räderuhren gingen außerordentlich unregelmäßig und mußten viel zu häufig gerichtet werden. Daran änderte auch das viel benutzte Horizontalpendel mangels isochroner Schwingungen nur sehr wenig. Wenn nicht alle Zeichen trügen, ist man zur wirklichen Verbesserung auf dem Umweg über das Zentrifugalpendel gekommen, das Leonardo da Vinci schon vor 1497 an Maschinen zu verwerten gedachte. Von der Kunstuhr mit Zentrifugalpendel, die der Vikar Jost Bodeker im Jahre 1587 für den Dom zu Osnabrück vollendete, wissen wir leider gar zu wenig. Das gewöhnliche Pendel wurde zu Anfang des 17. Jahrhunderts vielfach von den Ärzten zur Pulszählung und zum Messen kleinerer Zeiten benutzt, wobei man das Fehlen eines Zählwerks unangenehm empfand. Galilei wollte (1637) ein solches schaffen, plante aber schließlich (1641) die zweckmäßiger erscheinende Verbindung einer Räderuhr mit einem Pendel. Die Ausführung scheiterte aber an seiner Erblindung und dem frühen Tode seines um den Plan wissenden Sohnes Vincenzio. Huygens gebührt unstreitig das Verdienst, die erste Pendeluhr (1656) konstruiert zu haben, sicherlich völlig unabhängig von Galilei. Am 16. Juni 1657 erhielt er von den Generalstaaten ein Patent für seine Erfindung, die er im folgenden Jahre in der Schrift „Horologium“ beschrieb. Ausführlicher handelt darüber, sowie über die Theorie des mathematischen und physischen Pendels überhaupt das 1673 zu Paris erschienene Hauptwerk: „Horologium oscillatorium“. Huygens knüpft darin an eine von Mersenne 1646 gestellte Frage an, wie man die Schwingungsdauer ebener Figuren berechnen könne. Das Problem harrte noch seiner Lösung. Huygens geht davon aus, daß es in einem physischen Pendel einen

Punkt geben muß, der gerade so schwingt, wie wenn die ganze Masse in ihm zu einem mathematischen Pendel vereinigt wäre. Huygens nennt ihn „Schwingungspunkt“ (centrum oscillationis). Kennt man seinen Abstand vom Aufhängepunkt, die sogenannte reduzierte Pendellänge, so kann man das physische Pendel als mathematisches behandeln. Es gelang Huygens, zu zeigen, daß man die reduzierte Pendellänge erhält, wenn man das Trägheitsmoment des Pendels durch das statische Moment seiner Masse teilt.

Die Lösung dieser Aufgabe erfordert in der größten Mehrzahl aller praktisch vorkommenden Fälle schwierige Integrationen, denen die damalige Mathematik nicht gewachsen war. Huygens gab daher die Lösung nur für einfachere Figuren und Körper. Er fand auch den wichtigen Satz, daß man Aufhängepunkt und Schwingungspunkt ohne Änderung der Schwingungsdauer vertauschen kann. Man verwendet diese Tatsache bekanntlich bei dem Reversionspendel von Bohnenberger (1811) und Kater (1818).

Die Theorie des physischen Pendels läßt sich also auf diejenige des mathematischen zurückführen, für welches Huygens erstmals die Formel der Schwingungsdauer aufstellte. Er kam dazu durch die Aufgabe, die Bahn zu ermitteln, auf der ein schweres Massenteilchen in stets gleichen Zeiten von irgendeinem Bahnpunkt bis zum tiefsten Punkt fällt. Er fand als einzig mögliche Lösung die mit ihrem Scheitelpunkt nach unten gerichtete Zykloide, die man daher als „Tautochrone“ bezeichnen darf. Huygens fand folgende wichtige Beziehung: „Die Zeit t, die ein auf der Zykloide sich bewegender Punkt zu einer Schwingung braucht, steht zu der Fallzeit τ durch die Höhe h der Zykloide in demselben Verhältnis, wie der Umfang eines Kreises zu seinem Durchmesser.“ Es ist also $t = \pi \cdot \tau$. Da nach dem

Fallgesetz $\tau = \sqrt{2h:g}$ ist, wird $t = \pi\sqrt{2h:g}$. Huygens geht nun auf den Krümmungskreis der Zykloide im tiefsten Punkt über. Dort fallen beide Kurven ein unendlich kleines Stück zusammen. Ein gewöhnliches Pendel, dessen Länge l gleich dem Krümmungsradius ρ der Zykloide im tiefsten Punkt ist, würde also auf jenem kleinen Stückchen die gleiche Schwingungsdauer t haben. Nun ist bekanntlich der Krümmungsradius der Zykloide im tiefsten Punkte $\rho = 2h$, also auch $l = 2h$. Demnach ist $t = \pi\sqrt{l:g}$. Dabei sind noch unendlich kleine Schwingungen vorausgesetzt, also gilt diese bekannte Formel auch mit großer Annäherung für kleine endliche Schwingungen. Da solche bei einem gewöhnlichen Pendel nicht bequem zu erzielen sind, ersann Huygens das Zykloidenpendel, dessen Faden sich an zwei zykloidal gekrümmten Blechen auf- und abwickelte. In diesem Falle beschreibt nämlich die Pendelscheibe ebenfalls eine Zykloide. Huygens stützt sich dabei auf die von ihm gefundene geometrische Wahrheit, daß die Evolute einer Zykloide wieder eine solche Kurve ist.

Huygens benutzte seine Pendelformel auch zur Bestimmung von g (dem doppelten Weg eines freifallenden Körpers in der ersten Sekunde; wir sagen: die Schwerebeschleunigung). Er verfertigte ein Sekundenpendel ($t = 1$) und erhielt dann aus der letztgenannten Formel den Wert $g = \pi^2 \cdot l$ und berechnete so g zu 31 Fuß.

Ein Vorschlag von Huygens ist leider unberücksichtigt geblieben, nämlich die Länge des Sekundenpendels als Normallängeeinheit einzuführen. Er konnte selbst sich von der Schwierigkeit überzeugen, als er erfuhr, daß diese Größe gar nicht als konstant angesehen werden darf. Dies war zuerst dem Astronomen Jean Richer aufgefallen, der 1671—72 auf der Insel Cayenne mit geodätischen Messungen beschäftigt war. Seine aus Paris mitgenommene Pendeluhr ging nämlich im Tage etwa 2 Minuten nach, er mußte daher die Pendelstange zur Regulierung um 1¼ Linien (fast 3 mm) verkürzen und sie bei der Rückkehr nach Paris um den gleichen Betrag verlängern. Im Gegensatz zu der Pariser Akademie, die an einen Temperatureinfluß dachte, erklärte Richer die Tatsache aus der Annahme, die Erde sei keine vollkommene Kugel, sondern gegen die Pole zu abgeplattet. Huygens bestätigte in einem Anhang zu seinem optischen Hauptwerk (1690) diese Ansicht und konnte auch durch seine Studien (1703) über die Zentrifugalkraft, für die er die bekannten Formeln gab, eine Abplattung an den Polen begründen und berechnen. Indem er eine weiche Tonkugel in schnelle Rotation versetzte, erbrachte er auch den experimentellen Beweis.

Auf eine von der Royal Society 1668 gestellte Preisaufgabe über die Lehre vom Stoß lieferte Huygens aus Ergebnissen, die er schon im Jahre 1656 besaß, eine Abhandlung, mit der er seine Konkurrenten Wallis und Wren übertraf. Man findet in ihr das Gesetz von der Erhaltung der Bewegungsgröße und den Satz, daß beim elastischen Stoß die Summe aus den Produkten von Maßen und Geschwindigkeitsquadraten (also das, was Leibniz 1695 Summe der lebendigen Kräfte nannte) nach dem Stoße ungeändert ist. So finden wir eigentlich bei Huygens den Begriff der lebendigen Kraft und den Gedanken von ihrer Erhaltung (1673).

Noch einer wichtigen Erfindung von Huygens müssen wir gedenken. Der Schlosser Peter Henlein zu Nürnberg gilt, wie bekannt, als der Erfinder der Taschenuhren (1510), die zunächst aus Eisen gefertigt waren und eine Spiralfeder zum Antrieb und zwei Schweinsborsten zur Hemmung besaßen. Natürlich war der Gang dadurch sehr unregelmäßig.

Huygens fügte deshalb noch eine zweite Feder ein und erzielte mit der Unruhe ein gleichmäßiges Arbeiten der eigentlichen Triebfeder (1674). Seine verbesserte Taschenuhr ließ er (seit 1675) durch den Uhrmacher Turet in Paris verfertigen. Der englische Physiker Robert Hooke, der bei fast allen Erfindungen oder Entdeckungen seiner Zeit mit einem geradezu krankhaften Ehrgeiz den Vorrang für sich beanspruchte, wollte die Unruhe schon 1658 ersonnen haben. Sein vermeintliches Recht mußte man aber in diesem wie in jedem anderen Falle abweisen.

Von Huygens rührt auch ein Apparat her, den man als einen Vorläufer unserer Dampfmaschinen oder Gasmotoren bezeichnen kann, die sogenannte Schießpulvermaschine. Huygens hatte sie ersonnen. um, wie es in seinem Tagebuch am 13. Februar 1673 heißt, „stets eine sehr bedeutende Triebkraft zur Verfügung zu haben, die keine Unterhaltungskosten erfordert, wie Menschen und Pferde". In einem verzinnten Eisenzylinder konnte sich ein luftdicht schließender Kolben bewegen, der durch die Gase von entzündetem Schießpulver in die Höhe geworfen und dann durch den Luftdruck wieder herabgepreßt wurde, nachdem den Gasen ein Ausweg geboten war. An diesen Apparat knüpft die später zu besprechende Dampfmaschine von Papin an, der seit 1673 Huygens' Gehilfe war und den Schießpulvermotor vor Necker, dem Minister Louis' XIV., in Tätigkeit zeigte.

Auch die Luftpumpe hat Huygens zweckmäßig verändert; er gab ihr nämlich (1661) den Teller, auf dem man den Rezipienten aufsetzen und mit einem Kitt aus Terpentin und gelbem Wachs dichten konnte, sowie die Barometerprobe erst mit Wasser- und 1670 auch mit Quecksilberfüllung. Papin, dessen Verdienste um die Erfindung der Ventilluftpumpe wohl mit Sturm zu teilen sind, verwendete erstmals eine zweistieflige Pumpe, sowie einen doppeltdurchbohrten Hahn. Dieser hatte eine Durchbohrung wie jeder gewöhnliche Hahn und außerdem noch an einer Seite eine Längsrille, so wie sie sich an unseren Tropfgläsern vorfindet; dadurch konnte der Rezipient und der Stiefel mit der Atmosphäre in Verbindung gesetzt werden. Senguerd in Leiden führte die Rille nicht an der Seite entlang, sondern verwendete eine zweite Durchbohrung, was nur eine unwesentliche Veränderung bedeute. Nur erwähnt sei aus der folgenden Zeit der übrigens schon bei Philon von Byzanz vorkommende Hahn mit der T-Durchbohrung von Babinet, sowie der Hahn von Graßmann, durch welchen sich bei zweistiefligen Pumpen der Einfluß des sogenannten schädlichen Raumes zum größten Teil beseitigen läßt. Die liegende Anordnung des Stiefels, wie sie unsere kleinen Luftpumpen aufweisen, stammt von Jan van Musschenbroek, Senguerd und Leupold. Erst die Luftpumpe von 's Gravesande hat eine Vorrichtung, durch welche die Bewegung des Hahns von der Kolbenstange besorgt wird, so daß ein Versehen des Experimentators ausgeschlossen ist.

Es bleibt uns noch übrig, außer den Verdiensten von Huygens auf mechanischem Gebiet, die zu dieser Abschweifung Anlaß gaben, seine optischen Arbeiten, vor allem seine Undulationstheorie des Lichtes hier anzuführen. Es erscheint jedoch zweckmäßiger darauf erst einzugehen, wenn wir die diesbezüglichen Studien Newtons besprochen haben.

Isaak Newton.

Mit Isaak Newton beginnt die eigentliche mathemathische, oder wie man heute lieber sagt, theoretische Physik, die von da ab auf eine für sie höchst charakterstische Art Probleme in Angriff nimmt, bei denen die experimentelle Forschung versagt oder doch häufig mit bedeutenden

Schwierigkeiten zu kämpfen hat. Zumeist gehen natürlich mathematische und experimentelle Behandlung nebeneinander her, ja sie wirken sogar befruchtend aufeinander, in vielen Fällen überwiegt aber das mehr mathematische Interesse, wie zum Beispiel auf dem Gebiete der analytischen Mechanik, die man meistenteils mehr für eine Disziplin der Mathematik als der Physik ansieht. Seit Newton sehen wir eine Reihe der bedeutendsten Mathematiker mit dergleichen Fragen beschäftigt, um so mehr als die durch Newton und Leibniz erfundene Dfferential- und Integralrechnung ein treffliches Werkzeug hierfür darbot. Wir müßten den Rahmen unserer Schrift ungebührlich erweitern, wenn wir solche mehr mathematische Dinge mitbehandeln wollten. Wir werden wie bisher das Hauptgewicht auf die Entwicklungsgeschichte der eigentlichen Experimentalphysik legen und theoretische Fragen nur so weit kurz streifen. als sie für unsere Darstellung unbedingt erforderlich sind,

Wir beginnen mit Newtons berühmten Untersuchungen über Spektralfarben. Er lieferte zunächst den Nachweis. daß Licht verschiedener Farbe verschieden brechbar ist, Er betrachtete z. B. ein Blatt Papier, dessen linke Hälfte blau, dessen rechte rot war, durch ein wagrecht gehaltenes Prisma, dessen brechende Kante oben war. Dann erschien die blaue Hälfte höher als die rote, dagegen tiefer, wenn die Kante unten war. Spannte er über das Papier zwei schwarze Seidenfäden und beleuchtete es kräftig, so daß er mit einer Konvexlinse ein reelles Bild davon auf einem Schirme entwerfen konnte, so gelang es ihm nicht, für beide Hälften gleichzeitig scharf einzustellen. Richtete er es nämlich so ein, daß der Faden auf dem blauen Grund deutlich erschien, so mußte er den Schirm näher an die Linse heranrücken als für die Einstellung bei blauem Untergrund. Der Vereinigungspunkt für blaue Strahlen lag also näher an der Linse, d. h. die blauen Strahlen sind stärker brechbar als die roten. Ein ähnliches Resultat erhielt Newton, als er die Spektralfarben auf ein bedrucktes Blatt Papier projizierte und durch eine Linse reelle Bilder der Buchstaben erzeugte.

Entwarf er das Spektrum eines durch ein Prisma gegangenen Sonnenstrahls auf einer Wand, so waren die blauen Strahlen am meisten von ihrer ursprünglichen Richtung abgelenkt, also am stärksten gebrochen. Bewegte er das Prisma, so wanderte das Spektrum an der Wand; wenn es umkehrte, stellte er das Prisma fest [Minimum der Ablenkung]. Hinter diesem wurde ein Brett mit einer Öffnung so angebracht, daß nur Strahlen einer Farbe hindurch konnten, die außerdem noch die Öffnung eines anderen Brettes passieren mußten und dann auf ein zweites Prisma trafen. Dieses brach wohl die farbigen Strahlen, zerlegte sie aber nicht mehr. Drehte Newton das erste Prisma, so zeigte sich sofort, daß die roten Strahlen durch das zweite Prisma weniger gebrochen wurden als die violetten. Daß die Spektralfarben nicht weiter durch ein Prisma zerlegt werden können, hatte (1650) bereits der Mediziner Marci de Kronland gezeigt. Besonders wichtig erschien es Newton, daß er wieder Weiß erhielt, wenn er die Spektralfarben konvergent machte. Er sah darin einen guten Beweis für seine Ansicht, daß das weiße Licht aus Strahlen verschiedener Farbe bestehe. Die diesbezüglichen Versuche waren folgende: Er ließ die Spektralfarben durch eine Sammellinse gehen, das entstehende weiße Licht unterschied sich in nichts von dem ursprünglichen. Hielt er eine Farbe durch einen Papierstreifen zwischen Prisma und Linse ab, so zeigte das Bild der übrigen vereinigten Strahlen die zugehörige Komplementärfarbe. Auch mit dem schon Alhazen bekannten Farbenkreisel konnte Newton die Vereinigung zu Weiß demonstrieren, weniger gut aber durch Mischen farbiger Pulver.

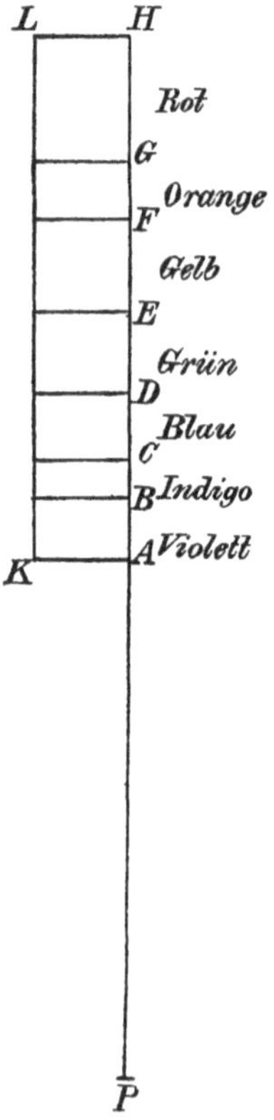

Fig. 13. Einteilung des Spektrums nach Newton.

Newton unterschied sieben Farben im Spektrum, weil es ihm damit gelang, eine (natürlich sehr erkünstelte) Beziehung zwischen der Breite der Farben und den Tönen der Tonleiter aufzustellen. Trug er nämlich (Figur 13) die Breite *AH* eines Spektrums *AKLH* über das Violett hinaus ab, so entsprachen die Abstände des entstandenen Punktes *P* von den Enden der angenommenen sieben Farben (also *PA*, *PB* usw.) den Saitenlängen für die Molltonleiter. So erkünstelt diese Relation und so gezwungen die Unterscheidung zwischen Blau und Indigoblau ist, man hat doch Newton zuliebe die Siebenteilung des Spektrums bis auf den heutigen Tag beibehalten.

Alle diese Untersuchungen ermöglichten es Newton, auch der Theorie des Regenbogens näherzutreten. Unter der Annahme des Brechungskoeffizienten von Luft in Wasser für Rot $= \frac{108}{81}$, für Violett $= \frac{109}{81}$ erhielt er als Breite des Hauptbogens $2^0\,17'$ und $3^0\,43'$ für den Nebenbogen. Der innere Radius ergab sich für den Hauptbogen zu $40^0\,10'$, für den Nebenbogen zu $50^0\,43'$.

Newton war des Glaubens, Brechung des weißen Lichts und Zerlegung in die prismatischen Farben seien Tatsachen, die stets gemeinsam auftreten müssen, leugnete also die Möglichkeit, Linsen herstellen zu können, die keine farbigen Säume an den Bildrändern aufweisen, also, wie wir sagen, achromatisch sind. Er dachte deshalb daran, das Objektiv der Fernrohre durch Hohlspiegel zu ersetzen und damit farbenfreie Bilder zu erzielen. Man findet nun häufig Newton das Verdienst zugeschrieben, das erste Spiegelteleskop angegeben zu haben. Das trifft keineswegs zu, da L. Digges dies Instrument erfunden zu haben scheint. Ein Spiegelteleskop mit verhältnismäßig kleinem Gesichtsfeld stammt (1616) von Z. Zucchi; es ist dem Galileischen Fernrohr analog gebaut, indem das durch einen Hohlspiegel erzeugte Bild des Objekts durch eine Konkavlinse betrachtet wird. James Gregory gab in seiner „Optica promota" (1663) ein Teleskop an, bei dem ein großer Hohlspiegel das Bild nach einem kleinen wirft, der seinerseits es wieder nach einer Öffnung im großen Spiegel reflektiert. Dort befindet sich eine Konvexlinse als Okular. Drei Jahre bevor es Gregory gelang, sein Instrument zu bauen, hatte Newton (1668) schon ein anderes konstruiert, bei dem das im großen Hohlspiegel erzeugte Bild des Objekts auf einen unter 45° gegen die Achse des Teleskops geneigten Planspiegel reflektiert wird, der es wieder nach der Seite wirft, wo man es durch eine Sammellinse betrachtet.

Hooke publizierte 1665 eine optische Arbeit mit dem Titel: „Micrographia or philosophical description of minute bodies". Darin beschäftigt er sich u. a. mit den Farben dünner Blättchen, die zuerst Boyle (1663) an Seifenblasen und einigen Flüssigkeiten nach kräftigem Schütteln bemerkt hatte (und die auch 1666 Lord Brereton an verwitternden Fensterscheiben beobachtete). Newton wandte sich diesen Erscheinungen zu. Das führte ihn zu dem bekannten Versuche der „Newtonschen Farbenringe", die entstehen, wenn man eine schwach konvex gekrümmte Linse auf eine ebene Glasplatte drückt. Newton beobachtete in weißem reflektierten Lichte eine Reihe farbiger Ringe, bei homogenem Licht dagegen nur dunkle Ringe, deren Radien sich wie die Quadratwurzeln aus den geraden Zahlen verhielten. Mit seiner Theorie für diese Erscheinung griff Newton gründlich daneben. Ganz im Sinne der alten Physik, die der Natur einen „Abscheu vor dem leeren Raum" zuschrieb, nahm er beim Lichtstrahl „Launen" (fits) an, über deren seltsames Wesen er sich selbst nicht klar war. Diese Untersuchungen, die Newton 1675 in dem „Discourse on light and colours" darlegte, verwickelten ihn in eine Polemik mit Hooke, so daß er an seinem Versprechen festhielt, nichts mehr aus dem Gebiete der Optik zu veröffentlichen, solange Hooke lebe. Dieser starb 1703. Nun erst erschien Newtons optisches Hauptwerk (1704) mit dem Titel: „Optics: or a treatise of the reflections, refractions, inflections and colours of light". Mit dem Ausdruck „Inflexion" bezeichnet Newton die Erscheinung der „Beugung des Lichts", die Hooke „Deflexion" und ihr Entdecker Grimaldi am passendsten „Diffraktion" nannte.

Der Jesuit Francesco Grimaldi hatte erstmals gezeigt, daß ein Lichtstrahl von seiner Richtung abgelenkt (gebeugt) wird, wenn er an einem undurchsichtigen Gegenstand vorbeigeht. Als er nämlich einen Stab in den Lichtkegel hielt, der durch eine kleine Öffnung im Fensterladen erzeugt wurde, bemerkte er, daß der Schatten auf einem dahintergestellten Schirm nach innen und außen zu farbig gesäumt und größer war, als er bei geradliniger Lichtfortpflanzung hätte sein müssen.

Hielt Grimaldi in den Lichtkegel eine undurchsichtige

Platte mit einer Öffnung, die kleiner war als der Querschnitt des Kegels an dieser Stelle, so sah er auf einem dahintergehaltenen Schirm einen Lichtfleck, der größer war, als man bei geradliniger Fortpflanzung des Lichtes hätte erwarten müssen. Grimaldi konnte zwar den Beweis erbringen, daß man es hier weder mit Brechung, noch Zurückwerfung des Lichts zu tun habe, aber eine Erklärung konnte er für diese Erscheinung ebensowenig geben, als für die ebenfalls von ihm gefundene Interferenz. Als er nämlich durch zwei Öffnungen im Fensterladen zwei Lichtkegel so auf einen Schirm auffallen ließ, daß die Lichtkreise sich zum Teil überdeckten, sah er den gemeinsamen Teil heller als den anderen und von dunkeln Bögen begrenzt. In dem zwei Jahre nach seinem Tode erschienenen Werke „Physico-mathesis de lumine, coloribus et iride" heißt es beim 22. Hauptsatze: „Kommt zu dem Licht, das ein erleuchteter Körper empfängt, noch Licht hinzu, so kann er dunkler werden."

Grimaldi fand auch, was unabhängig von ihm Deschales nochmals entdeckte (1674), daß eine mit feinen Ritzen bedeckte Metallplatte im Sonnenlicht auf einer weißen Wand ein farbiges Bild lieferte. Er hatte also das erste Beugungsgitter. Dieser Versuch führte ihn zu der Ansicht, das farbige Licht sei nur ein Bestandteil des weißen. Eine eigene Theorie des Lichtes hat aber Grimaldi keineswegs gegeben, er deutet nur einmal an, vielleicht bestehe das Licht in einer wellenförmigen Bewegung einer feinen Flüssigkeit. Da er daraus aber keine weiteren Schlüsse zieht, darf man unter keinen Umständen Grimaldi als Begründer der Undulationstheorie ansehen, wie das schon geschehen ist. Ebensowenig ist man hierzu bei Hooke berechtigt, in dessen „Micrographia" auch eine Undulationstheorie für möglich erachtet wird, ohne daß Hooke den Gedanken weiter verfolgt. Der

Inhalt dieser Schrift beschäftigt sich mit ganz anderen Dingen, z. B. mit Hookes Arbeiten mit einem zusammengesetzten Mikroskop. Solche waren damals noch nicht allgemein gebräuchlich Der größte Mikroskopiker jener Zeit, Leeuwenhoek, benutzte noch einfache Instrumente, mit denen er trotz ihrer geringen Vergrößerung wichtige zoologische, botanische und anatomische Entdeckungen machte. Er entdeckte z. B. die roten Blutkörperchen beim Menschen (1673), die Aufgußtierchen (1675), die Blutzirkulation bei Froschlarven (1695) und die Querstreifen bei den willkürlichen Muskeln (1695).

Wir müssen noch auf eine andere wichtige Erscheinung hinweisen, die in jener Zeit entdeckt wurde. Der Mediziner, Mathematiker und Jurist Erasmus Bartholinus zu Kopenhagen beobachtete nämlich (1657) erstmals die Doppelbrechung im Kalkspat an Stücken, die von dem isländischen Berge Roerford stammten. Einer der beiden gebrochenen Strahlen lieferte stets das Brechungsverhältnis $1^2/_3$, während sich für den anderen Strahl kein Gesetz aufstellen ließ. Bartholinus hieß ihn deshalb den „beweglichen Strahl".

All diese neuen optischen Entdeckungen forderten zu einer erklärenden Theorie auf. Newton nahm an, das Licht bestehe aus kleinen körperlichen Teilchen, die der leuchtende Körper nach allen Seiten hin entsendet. Die Körperteilchen üben auf die Lichtteilchen Anziehung und Abstoßung aus, wodurch die einzelnen Erscheinungen entstehen. Newton mußte aber außerdem noch eine Reihe von Sonderannahmen machen, das beste Zeichen für eine unzweckmäßige Hypothese. Es gelang ihm eigentlich nur, einigermaßen befriedigend die Refraktion und die totale Reflexion zu erklären. Seine Theorie der gewöhnlichen Zurückwerfung eines Lichtstrahls stand auf sehr schwachen Füßen. Für die Brechung des „beweglichen Strahls" erhielt er ein falsches Gesetz.

Dieser von Newton 1672 z. T. veröffentlichten „Emissions- oder Emanationstheorie" konnte Huygens schon 1678 eine andere, ungemein wahrscheinlichere „Undulationstheorie des Lichts" gegenüberstellen, die besonders in seinem „Traité de la lumière " (1690) ausführlich dargestellt ist. Nach ihr geben Schwingungen des imponderablen Äthers, für den er Atomstruktur annahm, das Licht. Damit konnte Huygens für Reflexion und Refraktion vollauf befriedigende Erklärungen liefern, ja sogar für die von Newton unrichtig behandelte Doppelbrechung. Es würde uns zu weit führen, Huygens' Theorie ausführlicher zu erörtern; unsere Physikbücher geben die erforderlichen Aufschlüsse, schließen sich sogar häufig dem Gedankengange Huygens' ziemlich an, da sich die Begriffe: „Wellenfläche, Hauptschnitt" usw. schon alle im „Traité de la lumière" vorfinden, ebenso wie das sog. „Huygenssche Prinzip", wonach man jeden Punkt einer Welle als neues Wellenzentrum betrachten kann.

Erscheinungen der Polarisation, die Huygens an zwei Kalkspatkristallen wahrgenommen hatte, konnte er nicht erklären, weil er an longitudinale Lichtwellen glaubte. Ebenso gab er keine Theorie der Farben. Hierin war Newton glücklicher und verdankt diesem Umstand wohl auch die lange Lebensdauer seiner Emissionstheorie bis in das neunzehnte Jahrhundert hinein, wo es erst gelang, die Entscheidung zwischen den beiden Lehren zu fällen. Man muß sich bei der Abwägung der optischen Verdienste Newtons stets vor Augen halten, daß die meisten seiner Entdeckungen durch die Unrichtigkeit der Emissionstheorie keineswegs an Wert verlieren; wir brauchen nur an die Versuche über die prismatischen Farben zu erinnern.

Der Gedanke, daß zwischen den einzelnen Himmelskörpern eine Anziehungskraft herrsche, stammt keineswegs, wie man oft lesen kann, von Newton, sondern findet sich schon bei früheren Physikern gelegentlich vor, wir erinnern nur an Kepler. Ein Vergleich der Beleuchtungsstärke, die dem Quadrat der Entfernuug umgekehrt proportional ist, konnte auf eine ähnliche Beziehung auch für die Anziehungskraft zweier Weltkörper hindeuten.

Newton gebührt das unbestreitbare Verdienst, zunächst die Identität der Schwere mit dieser Attraktionskraft nachgewiesen zu haben, sowie aus der Annahme einer dem Quadrat der Entfernung indirekt proportionalen Wirkung die durch Kepler erkannten Gesetze derPlanetenbewegungen hergeleitet zu haben. Wir müssen es uns leider versagen, diese recht verwickelten mathematischen Deduktionen auch nur anzudeuten. Es ist nicht bekannt, in welchem Jahre diese wichtigen Untersuchungen angestellt worden sind; die ersten Anfänge scheinen in das Jahr 1666 zu fallen. Wohl alle auf die Entdeckung bezüglichen Anekdoten, die man hier und dort zu lesen bekommt, sind falsch, ganz besonders diejenige, wonach ein fallender Apfel Newton zu seinen Untersuchungen veranlaßt haben soll.

Was Newton überhaupt auf dem Gebiete der Mechanik geleistet hat, findet sich ausführlich in seinem Hauptwerk: „Philosophiae naturalis principia mathematica“ (1687) dargelegt. Man könnte es getrost das erste Kompendium der mathematischen Physik nennen. Wir wollen nur einige Punkte herausgreifen. Newton entkräftet z. B. den bekannten Vorwurf gegen die Lehre des Coppernicus, daß ein freifallender Körper westlich zurückbleiben müsse, mit dem Hinweis, daß er sogar östlich vorauseilen müsse, weil er vor dem Falle eine größere Rotationsgeschwindigkeit besitze. Newton gibt uns ferner den bekannten Satz von der Gleichheit der Wirkung und Gegenwirkung, sowie den Satz vom Parallelogramm der Kräfte in der heute gebräuchlichen

Form, der allerdings vorher schon ganz ähnlich durch den Mathematiker Pierre Varignon abgeleitet worden war. Für die Schallgeschwindigkeit stellte Newton die Formel

$$v = \sqrt{\frac{e}{d}}$$

auf, die aber einen viel zu kleinen Wert liefert. Erst Pierre Simon Laplace konnte 1816 den Irrtum Newtons aufklären. Da es sich bei der Fortpflanzung des Schalls in der Luft um einen sog. adiabatischen Prozeß handelt, muß noch unter die Quadratwurzel der Faktor k kommen, d. h. das Verhältnis der spezifischen Wärmen bei konstantem Druck und konstantem Volumen.

An die Auffindung des Gravitationsgesetzes knüpft sich eine eigentlich auch noch heute unentschiedene Diskussion über seine physikalischen Grundlagen, da der Gedanke an eine reine Fernwirkung, eine „actio in distans“, nicht wohl aufrechtzuerhalten ist. Die mathematische Bedeutung des Gesetzes zur Lösung wichtiger kosmischer Probleme wird dadurch nicht beeinträchtigt.

Namenregister.

Sachregister.

FSC
www.fsc.org
MIX
Papier | Fördert gute Waldnutzung
FSC® C083411

Kolibri 360 GmbH
Ferdinand-Jühlke-Straße 7
99095 Erfurt, Deutschland
produktsicherheit@kolibri360.de